KB013624

육군
부대
도감

일러두기

1. 이 책의 부대마크와 애칭 및 연혁은 해당 부대 공식 기록자료의 열람 및 요청에 의해 확보한 내용을 근거로 하여 작성되었다.
2. 내용의 근거를 구하지 못한 일부 내용에 대해서는 필자의 의견을 담아 '추정된다'라고 표현하였다.
3. 본문 중 초록색 부분의 내용은 육군지(誌)와 국방일보, 개인 자서전, 기타 자료 등 공식적으로 입수 가능한 자료와, 교차 확인한 출신 부대원들의 증언을 토대로 실었다.
5. 모든 부대마크는 새롭게 디자인 작업을 한 것이다.

육군 부대 도감

신기수 지음

궁리
KungRee

저자의 말

2023년 2월 15일, 사랑하는 가족 곁을 떠나신

존경하고 그리운 아버지에게 이 책을 바친다.

1950년 초여름, 의문으로 가득한 상황 속에서 맞이한 결과는 북한의 기습남침이었다. 하지만 경장비로 무장한 육군의 8개 사단 및 조악한 규모의 해·공군은 초기 혼란 속에서도 각급 지휘관 및 병사들에 이르기까지 막중한 책임감과 용감무쌍함, 그리고 투철한 애국심으로 대규모 붕괴를 저지하고 훌륭한 지연 및 반격전을 펼치며 피와 땀으로 기어이 이 강토를 지켜내어 신생 독립국의 존립이 풍전등화와 같던 시기를 훌륭하게 극복하고 현재 대한민국과 국군의 기초를 닦았다.

외부의 끊임없는 도발에도 양과 질 면에서 발전을 거듭한 국군은 이제 전 세계 어디에 내놓아도 당당한 대군으로 자리잡았다. 하지만 그 과정에서 수없는 창설과 해체를 거듭하며 단위부대에 대한 역사를 총괄적으로 정리해 보려는 시도와 노력은 소홀했음을 느낀다. 조국산하에 묻힌 군 선배들의 유해를 발굴하듯 이제는 무형의 자산도 캐내어 지켜야 할 것이다.

본문에서 부대 창설지를 제외한 이동내역, 현 주둔지, 임무, 편제, 소속 등은 (가능한 한) 밝히지 않았다. 인터넷이나 유튜브에 걸러지지 않은 온갖 정보와 기밀 아닌 기밀들이 난립하고, 몇몇 내용들은 개인적인 일화 혹은 부정확한 정보들을 바탕으로 하고 있다. 미우나 고우나 우리의 안보 최일선에서 최후의 보루로서 국가를 수호하는 대한민국 국군이다. 이들을 농담거리 혹은 일천한 지식을 내세우기 위한 과장된 소잿거리로 앞세우지 않았으면 한다.

이 책은 대학에 입학한 열아홉 살 때 6·25전쟁을 맞아 스물에 참전하고, 그 이듬해 소위로 임관하여 최일선에서 적과 맞서 싸우며 38년 가까운 군생활 대부분을 험난한 동부전선에서 보낸 아버지에게 아들로서, 후배로서, 대한민국 국민으로서 존경을 담아 바친다.

이분들 세대는 태어나보니 나라 잃은 국민이요, 한창 꽃을 피우려니 피 튀기는 전선을 누벼야 했고, 청춘이 지나가니 영욕의 현대사에서 가장(家長)과 나라의 중추로서 가정과 국가를 일궈야 했다. 그 결과가 현재 세계 10대 강국 대한민국이다.

그분들의 언행은 한결같았으며, 입으로만 외치는 공허한 주장은 없었다. 불만보다 솔선수범을, 권리보다 의무를 중시하며 국가의 위상을 기적같이 끌어올렸다. 조국을 살린 지옥 같았던 전쟁담은 쓰라린 교훈으로 새기고, 자랑 삼아 경솔하게 내뱉지 않았다.

이 책을 마무리하는 데 있어 군 시절 상관이셨던 박두호 (예)대령님과. 20년간 외롭게 써온 원고를 기꺼이 받아주신 궁리출판사 식구들, 그리고 직장동료로 만나 친동생처럼 저를 아껴주신 지덕상 형님께 진심으로 감사드린다. 이분들의 응원에 보답하려면 긴 세월과 큰 노력이 필요할 것이다.

다시 한번 극한의 사계절 속에서 고생하는 대한민국 국군장병들에게 진심의 감사를 전한다. 또한 내용 면에서 보완할 자료가 있다면 bemiltour@naver.com으로 언제든지 보내주시길 바란다.

차례

대한민국 육군 소개

1945년 광복 이후 11월 미 군정에 의해 좌·우익계 창군단체들이 정비되고, 육사의 전신인 군사영어학교 졸업생들을 근간으로 1946년 1월 15일 창설된 남조선국방경비대가 조선경비대를 거쳐 1948년 대한민국 정부수립과 함께 육군으로 승격되었다. 10월부터 육군은 군 내 공산분자들 색출을 위한 대대적인 숙군(肅軍)작업과, 전국 산악에 숨어든 빨치산의 교란작전, 끊임없는 북한의 38선 무력도발 등 혼란의 시기를 겪었다.

1950년 6월 25일 북한이 압도적 전력을 앞세워 기습남침을 감행하였다. 당시 육군은 후방지역 공비토벌 중이던 3개 사단 외 4개 사단만을 전방에 투입한 상황이었다. 7월 유엔군사령부가 창설되자 이승만 대통령이 국군 작전통제권을 이양하였고, 9월 인천상륙작전 이후 10월 1일 38선을 돌파하고 평양을 거쳐 한만(韓滿)국경에 도달, 통일을 목전에 두었다. 하지만 중공군의 개입으로 공방을 거듭하다 1953년 7월 27일 휴전을 맞이하였다.

전쟁 당시 우리 정부는 유엔군 철수에 대비하여 10개 사단을 20개로 증편하고자 미국에 군사지원을 요청하였다. 미국은 한국군의 해·공군력 강화를 우선

검토했으나 1952년 7월 미 육군참모총장 방한을 계기로 육군 20개 사단 증편과 해병대와 카투사 포함 기존 25만 지상군의 20여만 명 증원을 결정하였다. 이후 11월부터 1년간 10개 사단이 창설되었다.

대대적인 전력증강에 따라 1953년 12월 1야전군사령부가 창설되어 1·2·3 군단의 작전지휘권과 후방지원, 행정책임 일체를 인수받았고, 이후 5군단까지 편입하며 16개 사단으로 휴전선 절반을 담당하였다. 1954년 10월 창설된 2군사령부는 미 후방기지 사령부의 뒤를 이어 관할지역작전, 경비 및 예비병력관리, 지역 내 전(全) 육군부대의 군수, 행정지원 등을 담당하였다. 이를 위해 5개 군관구사령부와 10개 예비사단을 창설하였다. 이로서 육군은 1·2군사령부와 교육총본부를 중심으로 작전·군수·교육의 3개 기능별로 효율적인 지휘체제를 확립하였다.

1964년 9월 베트남으로 의무부대와 태권도 교관단에 이어 1965년 2월 공병 및 수송 비둘기부대를 파병하였다. 1965년 수도사단과 1966년 9사단이 증파되어 창군 이래 최초의 해외원정으로 한국군의 명성을 크게 떨치고 전투력을 획기적으로 향상시켰다.

1968년 1월 북한 김신조 일당의 침투로 4월 향토예비군을 창설하고, 10월 울진·삼척 무장공비사건으로 1969년 동해안경비사령부와 1·2유격여단을 창설하였다. 1971년에는 미 7사단의 철수로 휴전선 방어를 한국군이 전담하였다. 1972년 적십자회담과 7·4공동성명에도 불구하고 북괴의 남침땅굴과 1976년의 판문점 도끼만행사건으로 전쟁발발 직전까지 이르렀다. 1973년 7월 3야전군사령부를 창설하고 1975년 수도군단 개편과 4개 훈련단을 창설하였다. 베트남 패망 이후 1976년부터 팀스피리트훈련을 시작하고, 1978년 11월 한미연합사령부를 발족하였다.

1979년 박정희 대통령 서거 및 북괴의 도발과 국·내외 혼란에도 불구하고 아시안게임과 서울올림픽의 성공개최에 기여하였으며, 1980년대 전반 기동군단과 기계화보병사단, 2개 상비사단, 10개 동원사단 10개 특공부대를 추가로 확보하였다. 그리고 1981년 5월 교육사령부 창설과 1984년 수도방위사령부 증편, 1987년 4월 3개 군단사령부 창설 및 재정비 등을 완료하는 한편 1985년 3군 본부 중 최초로 육군본부가 계룡대로 이전하였다.

1990년 합참본부를 창설하였고, 1991년 걸프전을 시작으로 소말리아와 앙골라, 서부사하라, 동티모르, 아프가니스탄, 이라크, 레바논, UAE 등 10여 개국 14회에 이르는 해외파병에 나섰다. 1994년에는 평시작전통제권을 환수하였으며, 1998년 K9자주포 개발을 시작으로 K방산시대의 본격적인 시작을 알렸다.

2002년 과학화전투훈련단과 2018년 동원전력사령부를 창설하였고, 이듬해에는 1·3군사령부를 지상작전사령부로 통합하여 2007년 개편된 2작전사령부와 함께 전·후방 작전사령부 체제를 갖추었다.

현재 육군은 장비보강과 훈련방식 개편을 통한 개인 및 단위부대별 전투력강화, 대대적인 부대개편을 통한 기동성과 화력의 강화, 그리고 과학화와 무인화 등을 통한 미래전장 구현 등 기술집약적 강군으로 변화하는 중이다. 특히 드론봇 전투체계와 워리어 플랫폼, ARMY TIGER 4.0 등의 전력화를 추진함으로써 한계를 넘어서는 초일류 육군건설에 매진하고 있다.

대한민국 육군 군·군단/급사령부

야전군 Army

집단군과 군단 사이의 조직으로, 보통 대장이 지휘한다. 전 세계적으로 전시(戰時)를 제외하고 야전군을 보유하고 있는 국가는 드문 편이다. 참고로 미 육군은 2차 세계대전 당시 4개 집단군과 12개 야전군(위장용 1개 포함)을 보유하고 있었다. 집단군과 야전군은 영문표기시 숫자를 서수로 한다. 보통 예하에 군단 및 사단을 보유하고 있다.

군단 Corps

나폴레옹 시기 대규모의 병력과 화력을 유지하던 프랑스 육군에서 유래한 군사편제이다. 로마군단의 영향을 받아 표기는 로마자로 하며, 보통 중장이 지휘한다. 예하에 수 개의 사단을 두고 있다. 작전을 수행하는 최상위 편제단위이다.

군단급 사령부

대부분 중장이 지휘하며 예하에 수 개의 사단 혹은 여단(급 부대)을 두는데, 예전 군관구사령부를 비롯하여 간혹 소장이 지휘하는 경우도 있다.

대한민국 육군

태극은 세계의 중앙에 있는 대한민국, **무궁화**는 애국심, **외곽 무궁화잎은** 대한민국의 유구한 역사, **꽃봉오리**는 무궁한 발전, **내부 사슬원**은 군의 굳은 단결, **하단 매듭**은 민·관·군의 굳건한 결속을 의미한다.

육군본부 계룡대

변경 전 |

삼각형은 삼천리 금수강산, **외각선**은 삼천리 조국강토의 수호, **3개의 작은 별**은 3개 야전사령부, **중앙의 큰 별**은 전군을 통솔하는 육군본부, **청색**은 평형을 의미한다.

현재 |

삼각형은 삼천리 금수강산, **청색**은 평화, **외각선**은 삼천리 조국강토의 수호, **3개의 작은 별**은 호국·통일·번영의 삼정도(三精刀) 정신과 국가구성요소인 국민·영토·주권, **중앙의 큰 별**은 국가방위중심군을 의미한다.

(2019년 1·3군사령부의 해체로 의미가 변경되었다.)

애칭 부대 인근 계룡산에서 따와 닭(鷄)은 새벽을 기다리다가 날이 밝아옴을 깨우쳐 삼라만상의 생명력을 불러일으키고, 용(龍)은 상서로운 동물로서 땅에서 살다가 강에서 승천함으로써 목표를 달성한다. 이와 같이 정예강군을 육성하며 때를 기다리다가 국군이 힘을 합쳐 웅비의 나래를 펴서 조국통일의 위업을 달성할 터전임을 의미하며, 1989년 8월 11일 부대 이전 당시 제정하였다.

역사 1945년 국방사령부로 창설되어 1946년 국방경비대를 거쳐 1948년 정부수립과 함께 국군과 육군본부가 창설되었다. 1959년 참모부장제도로 직제가 개편되었고 1989년 계룡대로 이전하였다.

- 육군참모총장의 명칭은 1956년 이전 8대 정일권 중장까지 총참모장이라 불렀다. 계급은 초대 이응준 소장을 시작으로 7대 백선엽 중장을 거쳐 1961년 15대 김종오 장군부터 대장이 보임되었다(10대 백선엽 대장 제외). 반면 해·공군은 1969년 9월 1일부로 대장 참모총장이 임명되며 창설 이후 20년 만에 비로소 3군이 동등한 서열을 갖추게 되었다.
- 원래 자리였던 (돌아가는) 삼각지에는 아시아 최대의 전쟁기념관이 들어서 있다.

제1야전군사령부 통일대

팔각형은 우리나라 팔도강산의 수호, **1**은 1군, **적색과 청색**은 대한민국과 한민족, **녹색**은 평화, **백색**은 험준한 산악지대를 의미한다.

애칭 1966년 6월 20일 박정희 대통령으로부터 조국통일의 선봉이 되라는 의미의 친필휘호를 하사받아 제정하였다.

역사 1953년 강원도 인제군 관대리에서 창설되었다. 3군사령부 창설 이후 5개 사단을 휴전선에 배치하며 약 84마일의 휴전선을 담당하였다. 2019년 3군사령부와 지상작전사령부로 통폐합되었다.

제2작전사령부 무열대

A는 Army와 군 운용의 기본인 사령부, **2**는 2군, **삼각형**은 정점에서 저변까지의 융화된 상하단결과 총력을 정점에 집중함과 남북통일 및 삼면해안에 연하는 대한, **청색**은 눈 속의 푸른 대나무같이 지조를 굽히지 않고 역경과 싸우는 고귀한 애국심과 창공우주같이 영원불변하며 청운의 웅지를 품은 기고만장의 기개, **백색**은 청렴과 순박 및 무고하고 고결한 충성을 위해 사리사욕을 경시하는 결백한 충성심을 의미한다.

애칭 1968년 당시 사령관 한신 중장이 삼국통일의 기틀을 마련한 신라 29대 태종무열왕의 민족통일의지와, 선친의 유업을 이어받아 통일대업을 이룩하고 동해 대왕암에 묻혀 해룡 수호신이 된 30대 문무대왕의 호국정신을 계승하자는 의미로 제정하였다.

역사 6·25전쟁 중 남부지역을 통제하던 미 육군 KCOMZ(한반도 전구지원사령부)의 임무를 이관받아 1954년 대구 동인동에서 2군사령부로 창설되었다. 2007년 2작전사령부로 개칭되었다. 작전사령부로의 개편준비 초기1에는 후방작전사령부(후작사)라는 가칭으로 불렸다.

- 2018년 모든 부분에서 '향토'라는 단어가 '지역방위'로 대체되었다. 이제 향토예비군과 향토사단은 옛말이 된 것이다.

제30야전군사령부 선봉대

육각형은 육도삼략(六韜三略)의 안전태세와 유비무환, **적색 삼각형**은 수도권 방어의 중대한 책임과 북진통일의 선봉, **황색 삼각형**은 임무와 기능, **적색**은 정열과 충성심, **황색**은 평화애호민족의 슬기, **녹색**은 지상군과 부대의 무궁한 발전, **3**은 3군을 의미한다.
(1973년 5월 16일 부대에서 제정하였다.)

애칭 나라의 심장부인 수도권을 방위하는 임무의 중요성을 각인시키고 죽어 패자가 되느니 살아 승리자가 되어 '조국통일의 선봉이 되라'는 의미로 창설 당시 박정희 대통령이 제정하였다.

역사 1973년 주월한국군사령부가 철수함에 따라 창설되어 2019년 1군사령부와 지상작전사령부로 통폐합되었다.

- 부대창설의 이면에는 1968년 1·21사태와 울진·삼척 무장공비침투사건 및 베트남 전쟁을 교훈 삼아 유사시 수도권을 절대사수하고 한치의 땅도 양보하지 않겠다는 박정희 대통령의 굳은 의지가 있었다.

지상작전사령부 선봉대

팔각형은 우리나라 팔도강산의 수호, **1**은 하나된 지상작전사령부, **적색과 청색**은 대한민국과 한민족, **청색**은 하늘과 평화, **적색**은 국토와 통일의 열정, **녹색**은 평야, **백색**은 험준한 산을 의미한다.

애칭 **제3야전군사령부 항목 참조**(21쪽)

역사 2019년 기존 1, 3군사령부를 통폐합하여 창설되었다.

수도군단 충의대

방패는 임전무퇴와 수도방위, **ㅅ**은 수도와 승리, **청색**은 통일과 자유, **적색**은 정열과 충성, **백색**은 수도권의 평화, **적색과 청색**은 태극과 통일 및 무궁한 발전을 의미한다.

• 수도방위사령부와 적지 않게 혼동하는 이들이 있다고 한다. 급기야는 서울대 다니냐고…

애칭 충성을 다하고 정의를 위하여 일어나라는 뜻의 박정희 대통령이 하사한 휘호 '진충분의(盡忠奮義)'에서 유래하였으며 1977년 9월 28일 부대에서 제정하였다.

역사 1974년 서울시 영등포구 문래공원에서 6군관구사령부를 이어받은 경인지역방어사령부로 창설되어 1975년 수도군단으로 개칭되었다.

제1군단 광개토부대

I은 제일 먼저 창설된 1군단, **바탕**은 분단된 대한민국 지형, **청색과 백색**은 통일조국의 음양의 조화, **황색**은 통일, **상·하 황색과 백색**은 태극을 의미한다.
(1951년 9월 25일 통신참모 박승규 중령이 창안하여 제정하였다.)

• 이제 막 뒤집어놓은 모래시계를 떠올리게 한다.

애칭 본래 '천하제일군단'이었으나 고구려 광개토대왕의 위업을 계승하자는 취지에서 창설 50주년인 2000년 6월 1일 부대에서 변경, 제정하였다.

역사 6 · 25전쟁 중인 1950년 창설된 시흥지구전투사령부를 모체로 평택에서 창설되었다. 음성 · 진천전투에 투입되어 이후 낙동강방어전과 설악산, 향로봉지구 등지에서 43회의 군단급 전투를 치렀다.

- I은 최초로 창설된 군단, 최초 38선 돌파, 제일 긴 거리 북진, 제일 많은 전투경험, 제일 넓은 수복지구 확보, 최초 남침땅굴 발견, 제일 중요한 지역 담당 등을 의미한다.
- JSA를 경비하는 국군의 명칭은 유엔사 군사정전위지원단을 시작으로 1994년 유엔사 경비대대로 변경되었다. 2003년 JSA경비임무가 국군으로 전환되었고, 2004년 JSA경비대대가 창설되어 2020년 1군단으로 예속전환되었다. 현재 헬멧과 권총은 사라지고 복장 역시 전통의 코던복이 아닌 일반전투복을 착용하고 있다.

제2군단 쌍용부대

청색은 민족의 자유와 평화, **적색 원형**은 태양처럼 젊은 정열과 굳센 정의감, **청색 테두리**는 예하부대와의 영원한 단결과 조국의 방패로서 평화, **II**는 2군단을 의미한다.

- 1952년 4월 5일 화천 소토고미에서 미 9군단을 기반으로 재창설된 2군단의 초대 군단장 백선엽 중장은 와이먼 미 9군단장으로부터 9군단 마크의 색상에 로마자 II를 넣어 제작한 군단기를 전달받았다.

애칭 2군단의 2(쌍)와 군단지역 내에 산재한 소양호 · 춘천호 · 파로호 등 호수와 하천(용)을 상징화하여 1972년 부대에서 제정하였다.

역사 6 · 25전쟁 중인 1950년 함창에서 창설되어 덕천에서 중공군의 기습으로 심각한 피해를 입고 1951년 대전에서 해체되었다. 이후 공비토벌작전인 쥐잡기작전을 마친 백야전사령부를 근간으로 1952년 화천에서 재창설되어 금성지구전투 등을 치렀다.

- 밴 플리트 미 8군사령관의 강력한 의지로 재창설된 군단은 현대전을 단독으로 수행할 수 있는 포병, 통신, 공병 등 미 군단 수준의 기능을 갖춘 새로운 형태의 부대였다.
- 재창설일 당시 밴 플리트 장군은 전날 B-26 조종사인 아들 밴 플리트 중위가 인천 앞바다에서 격추, 실종되었다는 소식을 듣고도 참석하였고, 대규모 수색작전을 거절하였다. 6·25전쟁 당시 아이젠하워 대통령을 비롯 덜레스 CIA국장, 조지 패튼, 월튼 워커, 마크 클라크, 해병항공사단장 필드 해리스 장군 등 142명의 장군 아들들이 참전하여 사상자 및 실종자가 35명에 달했다.

제3군단 산악부대

청색 테두리는 영원한 평화, **황색 테두리**는 지휘관을 중심으로 하는 부대의 단결, **태극무늬**는 우방국과 협조하여 싸우는 한국군 및 최선봉 부대로서 남북통일의 주역, **III**은 3군단을 의미한다.
(1950년 10월 16일 부대창설시 제정되었다.)

애칭 전 장병이 혼연일체가 되어 태백준령을 지킨다는 자부심으로 험준한 지형과 기상에 부합한 산악지역 특성에 맞는 용병술과 훈련으로 어떠한 상황에서도 적을 격멸시키고자 하는 의지를 의미하며 1980년 부대에서 제정하였다.

역사 1950년 서울 남산동에서 창설되어 가평 · 춘천지구, 영주, 평창 등에서 전투 및 공비토벌작전을 수행하였다. 1951년 현리(오마치)전투 3일 뒤 밴 플리트 미 8군사령관이 해체시켜 1953년 인제군 관대리에서 재창설되었으며 백석산 등지에서 전투를 수행하였다. 휴전 이후 1968년 울진 · 삼척 및 1996년 강릉 무장공비소탕작전을 수행하였다.

- 동해경비사령부에서 개편된 7군단이 이전하고 8군단이 창설되기 전 공백기간인 80년대 중반, 6 · 25전쟁부터 동부전선과 산악전에 잔뼈가 굵은 군단장이 부임하여 한때 광활한 강원도 동부지역을 홀로 맡은 적이 있다. 그런 만큼 배속된 사단과 훈련단의 규모 역시 어머어마했다.

제5군단 승진부대

원은 완전무결과 단결 및 통일, **V**는 5군단 및 Victory와 Van(선봉)으로 백전백승의 승리부대, **청색**은 평화와 민주주의, **황색**은 단결과 화합, **백색**은 결백과 순결 및 백의민족을 의미한다.
(1953년 10월 1일 박영한 대위가 창안하여 제정하였고 1981년 5월 20일 군단장 권영각 중장이 보완, 통일하였다.)

애칭 '철의 삼각지대 방어작전에서 승리하고 나아가 대동강과 압록강, 백두산까지 최선봉에서 진격하자'라는 부대목표 중 '승'과 '진', 두 글자를 따와 창설 당시 부대에서 제정하였다.

역사 1953년 미 9군단 지역 인수를 위해 대구에서 창설되었다. 전후(戰後) 창설된 최초의 군단급 제대였기 때문에 군 최초로 특수병과별 직할부대가 창설된 경우가 많다.

- 승진과학화훈련장은 600여만 평의 아시아 최대규모로 대대급 공지합동훈련과 통합화력 시범훈련이 가능한 국내 유일의 합동훈련장이다.

제6군단 진군부대

육각형은 6군단, **3개의 백색 프로펠러**는 강력한 추진력과 군단의 발전, **백색**은 백의민족의 전통과 자유, **청색**은 청운의 대지와 조국 통일 및 평화를 의미한다.

(1954년 5월 1일 부대창설시 군단장 이한림 소장이 제정하였다.)

- 숫자를 사용하는 군단마크 중 유일하게 로마자가 없다.

애칭 필승의 신념과 개척자 정신을 바탕으로 힘찬 전진과 승리만이 있다는 강한 군인정신을 의미하며, 1961년 4월 30일 부대에서 제정하였다.

역사 1954년 미 1군단 책임지역 인수를 위해 창설되어 1968년 울진 · 삼척 무장공비소탕작전에 참가하였다. 1993년 기동군단으로 개편되어 2000년까지 유지되었고, 2022년 해체되었다.

- 1968년 1 · 21사태 당시 전사한 이익수 대령 등 장교 6명, 사병 18명 등 총 24명의 합동영결식이 6군단장으로 거행되었다. 이들에게 모두 1계급특진과 함께 태극 · 을지 · 인헌 등 무공훈장이 수여되었다.

제7기동군단 북진선봉부대

녹색은 젊음과 패기, **청색**은 영구한 평화, **적색**은 정열과 복종심, **칠각형과 VII**은 7군단, **상단 뾰족한 끝**은 북진의 의지를 의미한다.
(1982년 부대 재창설 당시 군단장 김영규 소장이 창안하여 제정하였다.)

애칭 통일의 염원을 가슴에 안고 북녘으로 달리는 주축이 되리라는 장병들의 결의를 바탕으로 공세기동전력을 극대화하여 북진통일의 선봉이 되겠다는 의미로 1985년 8월 16일 부대에서 제정하였다.

역사 1969년 창설된 동해안경비사령부가 모체이며 1982년 7군단으로 재편되었다. 1983년 기동군단으로 전환되었다. 1978년과 1982년 무장공비 소탕작전을 수행하였다.

- 유사시 오로지 앞만 보고 전진하는 유일한 공격형 부대이다. 기갑전력이 무서울 정도로 집중되어 있어 북한만을 염두에 둔 것은 아닌 듯하다.

제8군단 동해충용부대

팔각형은 아름다운 팔도강산의 수호, **Ⅷ**은 8군단, **녹색**은 건강한 군인의 젊음과 패기, **적색**은 국가와 상관에 대한 충성심, **청색**은 조국의 평화와 군 조직의 단결을 의미한다.

애칭 영동지역 방어와 조국수호 의지를 의미하며 창설 당시 부대에서 제정하였다.

역사 동해안경비사령부(제7군단)가 경기도로 이전하자 1987년 창설되었다. 강릉 무장공비 소탕작전에 참가하였으며, 육군에서 유일하게 GOP · GP 및 해안경계를 동시에 맡고 있다. 2023년 3군단에 흡수 · 통합되었다.

- GOP(General OutPost, 일반전초). 적의 공격을 조기에 탐지하여 주력부대에 경고하고, 적의 공격을 지연시켜 주력부대의 위치를 기만하며, 적이 주력부대에 도달하기 전에 최대의 희생을 강요하는 임무를 수행한다. 제한된 공격행위를 하며 필요시 준비된 주진지로 철수한다. 증강된 대대부터 연대급까지 남방한계선을 따라 주둔한다.
- GP(Guard Post, 감시초소). 1953년 휴전 후 군사분계선(Military Demarcation Line, MDL) 기준 남·북 각 2km 구역인 비무장지대(DeMilitarized Zone, DMZ) 내에 설치한 것으로, 민정경찰이 투입되어 거점으로 활용하고 있다. 몇 년 전에는 엄청난 안보·교육·역사적 가치를 지닌 멀쩡한 GP를 폭파시키기도 했다. 참고로 PX는 Post eXchange이다.

제9군단 충무부대

테두리는 한반도 모양으로 통일에 대한 강한 의지, **IX**는 9군단, **청색**은 투철한 군인정신과 정의감을 바탕으로 합심단결하여 젊고 패기 넘치는 부대, **백색**은 순결하고 소박한 백의민족을 의미한다.

애칭 책임지역이 이순신 장군의 활약지역임을 의미하며 창설 당시 부대에서 제정하였다.

역사 1987년 창설되어 1996년 부여·여수 대간첩작전 및 밀입국 검거 등을 수행하였으며 2007년 해체되었다.

제11군단 충렬부대

방패는 책임지역의 철통 같은 방어의지, **XI**은 11군단, **적·청·백색**은 군·관·민 총력방위태세의 확립, **청색과 녹색 테두리**는 젊음과 야성 및 평화를 의미한다.

애칭 충성(忠誠)스럽고 결의에 열렬(熱烈)하다는 의미에서 창설 당시 부대에서 제정하였다.

역사 1987년 창설되어 30회의 대침투작전 및 밀입국검거 실적을 올렸으며 2007년 해체되었다.

전투교육사령부/교육사령부 창조대

1 |

청색은 보병, **적색**은 포병, **황색**은 기갑(기병), **흑색과 백색**은 화학 혹은 항공, **원**은 통합과 단결, **별**은 육군과 5개 학교, **전투**는 전투교육사령부를 의미하는 것으로 추정된다.

2 |

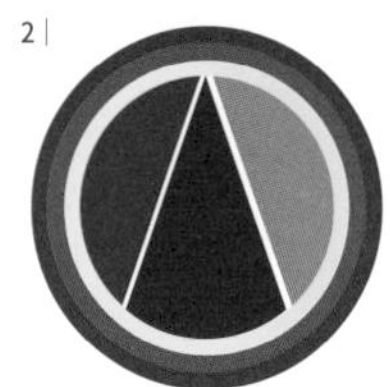

백색은 백의민족과 대한민국의 통합, **원**은 단결과 통합, 집중 및 무한발전, **외부 청색**은 보병과 전투병과, **적색**은 포병과 전투지원병과, 황색은 기갑과 전투근무지원병과, **홍색**은 단결과 정열 및 정직(하늘), **내부 청색**은 희망과 개혁 및 혁신(땅), **원추형**은 무한발전과 추진 및 북진, **원추형 흑색**은 제병과(諸兵科) 통합의지를 의미한다.

애칭 강자존(强者存)철학을 구현하는 전투발전의 총본산이자 정예장병을 육성하는 교육훈련과 교리발전의 사령탑이라는 의미로 1982년 10월 9일 부대 이전 후 부대에서 제정하였다.

역사 1951년 부산시 범일동 부산진초등학교에서 정보훈련소 외 전(全) 군사교육기관을 예하로 하는 교육총감부로 창설되어 1954년 교육총본부로 개칭되었다. 1960년 전투교육사령부로 재창설되어 보병 · 포병 · 기갑 · 항공 · 화학 등 5개교를 통제하였다. 1981년 교육사령부로 개편되었으며, 예하 각 학교장들은 병과장을 겸임한다.

• 참고로 미 육군의 교육사령관은 4성장군이다.

특수전사령부 사자부대

1 |

2 |

1 |

낙하산은 특전부대의 기본침투수단, **독수리**는 하늘의 왕자로서 용맹한 활동, **번개**는 정보전에서의 신출귀몰한 속도, **대검**은 무성무기에 의한 유격전과 특수전, **적색 원**은 지치지 않는 정열과 기백, **청색 원**은 특전부대가 활약하는 하늘과 바다, **백색 원**은 지휘관을 중심으로 하는 단결을 의미한다. 〈**마크**〉

2 |

사자는 특수전사령부, **주황색**은 사자의 외형 색을 의미한다. 〈**흉장**〉

애칭

동물의 왕이며 가족중심적 집단생활로 한 마리의 숫사자가 무리를 이끌며 집단의 유지와 안전에 대한 책임을 진다는 의미로 1973년 1월 15일 부대에서 제정하였다.

역사

1958년 창설된 1전투단이 모체이며 국군 최초로 공수기본, 특수전, 해상침투, 스키, 산악, 스쿠바 훈련 등을 실시하였다. 1968년 울진 · 삼척지구 대간첩작전에서 21명, 1969년 흑산도 대간첩작전에서 15명을 사살했으며, 같은 해 특수전사령부를 창설하였다. 1970년부터 베트남전에 참전하였고, 1976년 도끼만행사건 당시 판문점 미루나무 절단 및 북한군 4개 초소 파괴작전(8 · 18 독수리작전)을 주도하였다. 1996년 강릉무장공비소탕작전에서 6명을 사살하며 창설 이후 괴산, 서귀포, 북평지구까지 6회의 대간첩작전에 참가하였다. 1991년 걸프전 파병과 1999

년 동티모르 상록수, 2003년 서희 · 제마 2004년 자이툰, 2007년 동명, 2011년 UAE 군사협력단 아크부대, 그리고 2019년 특수작전항공단을 창설하였다.

- 특전사의 전신은 6 · 25전쟁 당시 유격군으로, 30여 개 부대에 4만여 명의 대원이 전사자 5,196명과 행불자 2천여 명의 희생을 치르며 4,450여 회 작전을 통해 적 7만여 명을 사살하고 30여 명의 조종사 및 30여만 명의 민간인을 구출하였다. 이와 함께 서해 북방한계선(NLL)을 유지하고 적 3개 군단을 견제하였다.
- 1958년 1월 육군본부에서 특수부대요원 양성을 위해 보병 · 포병 · 공병 · 통신 · 통역병과(분야)별 중위 및 대위 미혼장교 각 5명을 차출하여 영등포보충대에 집결시켰다. 한강 백사장에서 지상공수교육을 마치고 일본 오키나와에서 강하훈련을 실시했는데, 이들이 특전사(1전투단)의 창설요원이 되었다.
- 'Nothing is Impossible', '안 되면 되게 하라'라는 신조로 유명한데, 한때 방위병들은 '안 되면 퇴근하라', 그리고 일상에 지친 부대원들 사이에서는 '안 되면 포기하라'로 불리기도 했다.
- 경례구호 '단결'은 '탄결 · 단켤 · 탄켤 · 탄ㄱ · ㄷ켤' 등 격음으로 시작하여 짬이 찰수록 '단골'로 변해가고 고참들은 '손님'으로 받아치기도 한다.

수도방위사령부 방패부대

방패는 자유와 평화수호, **삼각형**은 수도서울과 삼각산, **대검**은 힘 있는 정의의 군대로 어떠한 적도 한칼에 분쇄함, **황색**은 평온과 평화 및 서울시민의 안녕과 질서, **자색**은 불의에 굴하지 않는 굳건한 정신의 뜨거운 정열, **백색**은 국가원수에 대한 충성과 시민의 생명 및 재산보호를 의미한다.

애칭 수도서울을 완벽하게 수호하기 위한 의지의 표명으로 수도방위사령부로 재창설 당시 부대에서 제정하였다.

역사 1949년 수도경비사령부로서 창설되었다가 6·25전쟁 중 수도사단에 편입되면서 해체되었다. 1961년 서울시 후암동에서 수도방위사령부로 재창설되어 1963년 수도경비사령부를 거쳐 1984년 수도방위사령부로 재개칭되었다. 1968년 1·21사태 이후 책임지역 내 대침투작전임무가 추가되었다.

- '살아방패' 죽어충성. 이 문구 하나로 부대의 모든 것이 설명된다.
- 1·21사태 이후 정부는 방공호 및 서울시청 이전을 위한 서울과 남산의 요새화 계획을 세워 청와대와 시청 주변에 지하상가와 터널, 순환도로 등을 건설하였고, 곳곳에 연막탄 지주를 설치하여 수도서울 절대사수 의지를 보였다.

군수사령부 칠성대

변경 전 |

북진(화살표)은 진취적인 기상과 조국통일을 성취하겠다는 강한 의지의 표상으로 군수물자의 전방추진, **7개의 별은** 7개 기술병과를 주축으로 한 기능화체계, **녹색**은 육지(육군), **백색**은 바다(해군), **청색**은 하늘(공군)로 3군 통합군수지원을 의미한다.

현재 |

화살표는 군수물자와 장비의 전방추진과 전투부대 중심의 군수지원, 북진의 진취적 기상 및 조국통일 성취의지, **7개의 별**은 공병 · 수송 · 병기 · 병참 · 의무 · 화학 · 통신 등 7개 병과 통합기능화체계와 생산성 · 효율성 · 투명성 · 신뢰성 · 통합성 · 전문성 · 창의성 등 군수사 7대 가치, **화살표와 별**은 부대의 공고한 단결과 완전무결한 군수지원의지 및 지속지원능력 확충, **녹색 화살표**는 육군과 야전 중심, **백색 화살표**는 완전무결, **청색 화살표**는 청렴결백을 의미한다.

애칭 공병 · 수송 · 병기 · 병참 · 의무 · 화학 · 통신 등 군수지원과 관련된 7개 병과를 아우르고 있다는 의미로 제정되었다.

역사 1960년 부산 · 경남지역 위수업무와 각 기지창 지휘감독 및 2군 군수지원을 위해 부산시 양정동에서 군수기지사령부로 창설되어 현재 군수 · 병기 · 병참 · 수송 · 공병 · 화학 · 통신 · 항공병과를 중심으로 전군(全軍) 공통물자 군수지원, 정비, 탄약관리 등을 담당하고 있다.

- 작전은 전투를 승리로 이끌고 군수(보급)는 전쟁을 승리로 이끈다.
- 현역 및 예비역 남성들의 영원한 의문인 정력감퇴제는 정말 존재했을까? 그렇다면 어디였을까! 별사탕? 똥국? 맛스타?

항공사령부 비승대

진회색 원은 부대의 안정과 육군항공의 웅장함 및 중후함, **황색 매의 날개**는 용맹한 창공의 기수, **원형 테두리**는 화합과 단결, **방패·칼·화살**은 기동과 화력을 겸비하여 협동작전을 수행하는 전투부대, **황색과 흑색 테두리**는 부대의 화합과 단결 및 주야 언제든 전투부대의 임무수행을 의미한다.

애칭 회전익항공기의 강력한 화력과 신속한 기동력을 바탕으로 힘차게 날아올라 지상전의 핵심전력으로서 역할수행을 위한 진취적인 도약의지와 불사조의 면모를 의미하며, 1989년 7월 1일 육군항공사령부 재창설 당시 부대에서 제정하였다.

역사 1948년 수색에서 창설된 항공부대가 1948년 육군항공사령부를 거쳐 1949년 공군으로 독립하자 1950년 항공과가 창설되었으며 1982년 항공병과가 전투병과로 변경되었다. 1989년 육군항공사령부가 창설되어 1999년 육군항공작전사령부를 거쳐 2021년 재차 항공사령부로 개편되었다. 2015년 의무후송항공대가 창설되었다.

- 공군 최고의 전투기 조종사를 탑건이라 한다면 육군 최고의 공격헬기조종사는 탑헬리건(Top-Helligun)이라 부른다.
- 의무후송항공대는 국산헬기 수리온을 개조하여 3개 거점을 중심으로 임무를 수행하며, 의무(Medical)와 후송(Evacuation)의 합성어인 메디온(Medion)부대라 불린다. 이 헬기에는 조종사, 군의관, 응급구조사, 호이스트조작사 등이 탑승한다.

동원전력사령부

별은 영토와 영해 및 영공, **예비군 마크**는 승리를 보장하는 예비전력, **청색**은 평화와 지상군, **백색**은 조국수호 의지를 의미한다.

역사 예비군 창설 50주년인 2018년 동원사단 및 향토사단 내 동원지원단을 배속받아 창설되었으며, 예하 부대들은 전시 재분배된다.

- 유사시 동원사단의 대응 및 동원능력 향상을 위한 쌍용훈련은 동원사단의 전방투입이 마치 두 마리 용이 이동하는 모습과 같다 하여 명명되었다.
- 1948년 예비전력으로 호국군이 편성되어 총 4개 여단 10개 연대와 사관학교를 설립하였으나 1949년 해체되고 청년방위대가 뒤를 이어 1950년 지역별로 방위단과 지대, 편대, 구대·소대가 편성되었다. 6·25전쟁이 발발하자 국민방위군으로 대체되었고 1951년 해산되었다. 이후 1968년 1·21사태와 푸에블로호 납치사건 등의 영향으로 4월 1일 '어제의 용사들이 다시 뭉쳐' 향토예비군이 창설되었다. 초기에는 자기 고장을 스스로 지키는 자위조직의 성격이었지만 1970년대 들어 전시동원 임무가 추가되며 상비군 보조전력으로 전환되었다. 창설 당시인 1968년 5월 경찰로 교육훈련책임을 이관하였으나 1971년 7월 다시 군으로 환원되었다.
- 6·25전쟁 발발 직후 워커 8군사령관의 요청으로 35~60세 남성들을 징집하여 민간수송대를 조직하였다. 실재로 10~60대 연령대의 이들은 지게를 이용하여 전선에 탄약과 식량을 보급하였다. 지게모양이 알파벳 A를 닮아 지게부대(The A-frame Army)로 불렸는데, 1951년 밴 플리트 장군 부임 이후 3개 사단으로 구성된 KSC(Korean Service Corps)로 재편되었다. 연 인원 30여만 명이 참전하여 6,300여 명의 사상자와 2,500명 가까운 실종자를 냈으며, 1994년 미 육군 한국노무단으로 변경되었다.

미사일전략사령부 무극대

청색 팔각형은 전방위 타격이 가능한 무기 성능, **백색 테두리**는 표적으로 적 중심의 정확한 타격, **청색**은 대한민국 순수기술의 첨단무기, **적색**은 어떠한 적도 즉각 전멸, **화살표**는 유도탄을 의미한다.

애칭 우주의 근원인 태극의 처음 상태로 한계가 없는 용맹성으로 적 위치나 방호강도에 제한 없이 격멸이 가능하고 무한한 발전 가능성을 지닌 최첨단 부대임을 의미하며 2006년 7월 19일 부대에서 제정하였다.

역사 2006년 충북 음성에서 육군유도탄사령부로 창설되어 2014년 미사일사령부를 거쳐 2022년 미사일전략사령부로 개편되었다.

제1군관구사령부

황금색 성화는 명실공히 제일 가는 부대 1군관구사령부와 불꽃같이 타오르는 영광 및 부대발전, **육각별**은 끝부분이 A모양을 띠며 육군과 2군을 뜻하고, **사방에서 볼 때 6개의 A**는 사통육방(四通六方)의 백방지원, **적색**은 열정을 의미한다.

역사 1951년 전남 광주에서 창설되었고, 1960년 해체되어 전투교육사령부로 개편되었다.

제2군관구사령부

II는 2군관구사령부, **II 내부 곡선**은 경남의 해안선, **점**은 제주도, **원**은 화목단결, **청색과 백색**은 전후방의 부단한 단결을 의미한다.

역사 1954년 부산에서 창설되었고 1960년 해체되어 군수기지사령부로 개편되었다. 이후 1974년 재창설되어 1982년 해체되었다.

제3군관구사령부

외부 삼각형은 삼천리 강토와 육군본부 및 2군, **3절 대나무**는 3군관구사령부와 파죽지세, 절개 및 1, 3개의 **대나무 잎**은 삼천만 민족과 단결, 내부 **삼각형**은 국토방위, **적색**은 정열과 투지, **백색**은 백의민족, **녹색**은 대나무와 상록(常綠), 육성 및 발전을 의미한다.

역사 1950년대 중반 논산에서 창설되어 1982년 해체되었다.

제5군관구사령부

백색 테두리는 백의민족, **V**는 Victory로 상승을 자랑하는 5군관구사령부, **별**은 영원히 빛나고 변함 없이 찬란한 존재인 군대, **중앙 5개 금성**은 5군관구사령부, **청색**은 승리와 평화 및 정의를 상징한다.

역사 1950년대 중반 대구에서 창설되어 1982년 해체되었다.

제6군관구사령부

6개의 다이아몬드는 6군관구사령부와 단결, **각 3개의 다이아몬드**는 6(六)군관구사령부, **백색**은 솔직결백하고 순결한 정신과 백의단일민족의 굳센 인내력, **적색**은 강렬한 전투력과 확고부동한 군인정신 및 적극적인 정열을 의미한다.

• 미쓰비시(三菱)그룹의 로고와 유사한 모양이다.

역사 1954년 서울 문래공원에서 창설되었고 1974년 해체되어 경인지구방어사령부로 개편되었다.

제1군수지원사령부 황소부대

1 |

2 |

1 |

황소는 완벽하고 헌신적인 군수지원, **원**은 단결, **녹색**은 야전을 의미하는 것으로 추정된다.

2 |

외부 원형은 국가의 방패, **내부 원형**은 군수시설, **삼각형**은 보급 · 정비 · 근무, **1**은 1군지사, **청색**은 자유와 평화구현, **백색**은 백의민족과 군의 기백을 의미한다.

애칭 생활자세는 황소와 같은 근면 · 성실 · 봉사정신이 기조를 이룰 때 명실공히 필승의 군수지원태세가 완비되며 서로 돕고 굳게 뭉치며, 성실하고 깨끗한 마음으로 임무를 수행하고, 나라살림을 아끼고 가꾸는 정신을 의미하여 부대에서 제정하였다.

- 6·25전쟁 당시 포탄을 실어나른 황소를 기념하여 마크와 애칭에 도입하였고, 믿음직하게 임무를 수행하는 군수인을 의미한다.

역사 1971년 강원도 원성군에서 창설되었다.

제2군수지원사령부 천보산부대

외부 원형은 국가의 방패, **내부 원형**은 보급시설, **삼각형**은 군수 3대 목표인 경제·효과·능률, **2**는 2군지사, **청색**은 자유와 평화구현, **백색**은 백의민족과 군의 기백을 의미한다.

애칭

더 이상 큰 것이 없고 사람들이 우러러보는 '천', 보배로운 사람과 부대인 '보', 높고 험한 산이든 강이든 어떠한 악조건 하에서도 전천후로 피지원부대가 전투력을 발휘할 수 있도록 군수지원을 완수하는 '산'을 의미하여 2003년 4월 1일 부대에서 제정하였다.

- 우연찮게도 인근에 천보산이 있다.

역사

1966년 경기도 의정부에서 105행정지원사령부로 창설되어 1968년 행정지원이 군수지원으로 기능이 조정되며 1971년 2군수지원사령부로 개칭되었고, 2018년 5군수지원여단으로 해편되었다. 1968년 송우리 일대에서 김신조 부대 소탕작전에 참가하였다.

- 예로부터 군마(軍馬)를 길러왔던 군사도시 의정부에는 휴전 이후 한때 미군부대가 8개에 달했다. 이곳에서 쏟아져 나오는 햄을 비롯한 각종 식재료는 1960년대부터 채소와 김치, 육수 등과 섞여 찌개형태로 주변에 퍼져나갔고, 부대에서 나온 음식으로 만든 찌개인 '부대찌개'는 라면이 더해지며 확고하게 자리잡았다.

제3군수지원사령부 삼마부대

외부 원형은 국가의 방패, **내부 원형**은 보급시설, **삼각형**은 보급 · 정비 · 수송지원, **3**은 3군지사, **청색**은 자유와 평화수호, **백색**은 백의민족과 군의 기백을 의미한다.

애칭

부대를 중심으로 금마(金馬)산 · 거마(巨馬)산 · 철마(鐵馬)산이 둘러싸였고, 고려시대에는 대몽항쟁을 위해 제주도의 말을 부대 주변지역으로 이동시켜 훈련한 후 전쟁에 투입하였다. 군수의 3대 임무인 보급 · 정비 · 수송을 삼마(흑마 · 백마 · 적마)로 표현하여 1985년 4월 10일 부대에서 제정하였다.

역사

1974년 인천 부평에서 창설되어 2018년 1군수지원여단으로 해편되었다. 2004~6년 이라크 재건임무를 위해 파병되었다.

제5군수지원사령부 오성부대

외부 원형은 국가의 방패, **내부 원형**은 군수시설, **삼각형**은 경제 · 효과 · 능률, **5**는 5군지사, **청색**은 군수부대의 신뢰성 보장, **백색**은 군수지원목표에 대한 투명성 보장을 의미한다.

애칭 5군지사를 뜻하는 오(五)와, 항시 자기 몸을 태우며 빛을 발하는 별(星)과 같이 주 · 야로 담당지역 내 3군 및 예비군의 전투준비태세 완비를 위해 헌신지원하는 부대임을 의미하여 1986년 10월 1일 5군지사 창설 당시 부대에서 제정하였다.

역사 1971년 대구에서 5관구군수지원단으로 창설되어 1986년 5군수지원사령부로 개편되었다.

울산특정경비사령부

방패는 철통방어, **별**은 지휘관계급, **청색**은 동해를 의미하는 것으로 추정된다.

역사 1968년 1·21사태 이후 울산공업지구를 경비를 목적으로 창설되어 1984년 53사단으로 흡수·편입되었다.

- 1969년 초대 사령관 박정인 준장이 현 선암호수공원 자리에 지은 관사 부전장(赴戰莊)에 종종 울산지역 시찰에 나선 박정희 대통령이 머무르곤 했다. 부전이란 전투에 나가 물러서지 않는 임전무퇴의 화랑정신을 의미한다.

동해경비사령부

등대는 철통 같은 동해경비, **청색**은 동해바다를 의미하는 것으로 추정된다.

역사 1961년 동해안방어사령부가 창설되어 1974년 1해안전투단으로 재편되었다. 한편 1968년 울진·삼척 무장공비침투사건을 계기로 1969년 소사에서 창설된 동해안경비사령부가 모체로 1974년 동해안방어사령부로 개칭된 뒤 1982년 7군단으로 재편되었다.

- 수방사, 수경사와 마찬가지로 동방사, 동경사 등으로 호칭했다. 동네방어 혹은 동네경비사령부가 아니다.

대한민국 육군 사단

사단 Division

18세기 중반 프랑스에서 보병과 포병, 훗날 기병까지 결합하며 만들어진 군사편제이다. 전투와 근무지원부대가 결합되어 제병연합 및 일정 기간 독자적인 전투수행이 가능한 단위이다. 보통 소장이 지휘하며, 사단은 지상군의 꽃, 사단장은 지휘관의 꽃으로 불린다. 영문표기시 일반 숫자로 표기한다. 연대를 예하로 두고 있었으나 최근 여단화 작업이 완료되었다. 우리나라의 경우 기능 및 임무에 의해 보병·기계화/기동·신속대응·지역방위(향토)·동원사단 등으로 나뉜다.

수도기계화보병사단 맹호부대

창안 당시에는 원형이었으며 **혓바닥**이 번개부대, **적색 둘레**가 포병을 의미하였다고 한다.

방패는 국가방위, **호랑이**는 용맹 · 감투와 예하 비호부대, **눈**은 정열 · 충성과 번개부대, **녹색 바탕**은 희망과 혜산진부대, **적색 혀**는 화력과 포병여단, **백색 둘레**는 직할대 및 정의와 영원한 단결을 의미한다.

(1953년 9월 1일 사단장 송요찬 준장이 창안하였다.)

애칭

1953년 9월부터 사용해오다가 1965년 10월 13일 최초의 해외(월남)파병을 기념하여 신비로움과 두려움의 상징이며 웅혼한 기상과 영특하고 비범한 품성을 지녀 경외감을 주는 맹호와 같이 최강의 전투부대가 되어달라는 의미로 정부에서 공식적으로 제정하였다.

역사

1949년 서울시 용산(현 전쟁박물관)에서 창설된 수도경비사령부가 모체로 1950년 수도사단으로 개칭되었고, 1973년 국군 최초의 기계화보병사단으로 개편되었다. 1949년 옹진지구와 은파산 및 까치산지구전투를 시작으로 6 · 25전쟁 중 호남지구 공비소탕작전을 비롯하여 의정부, 안강 · 기계, 향로봉, 금성지구 등지에서 32회의 전투를 수행하였으며, 3사단과 함께 38선 최초돌파 및 원산을 거쳐 혜산진까지 북진하였다. 휴전 이후 1965년 베트남에 파병되어 안케패스 전투 등 523회의 전투에 참가하여 3,600여km^2 지역을 평정하였다.

- 육군 최초 창설, 38선 최초 돌파, 최초 기계화부대, 전투서열 0순위 등 최초 수식어를 여럿 가지고 있다.
- 미 《스타스앤드스트라이프스(Stars & Stripes)》로부터 롬멜 아프리카 군단 및 패튼 1기갑사단 등과 함께 세계 10대 강군에 선정되었다.
- 1965년 10월 4일 베트남 파병을 앞두고 훈련 중이던 1연대 3대대 10중대장 강재구 소령(추서계급)은 한 병사의 수류탄 투척 실수 당시 이를 덮쳐 산화하였다. 이후 '재구대대'라 명명된 3대대는 베트남전에서 혁혁한 공을 세웠으며, 1966년 2월 18일에는 베트남 빈딩성 푸캇군에 '재구촌'이 설립되었고, 매년 모범중대장을 선발하여 '재구상'을 수여하고 있다.
- 이 밖에 수류탄으로부터 동료들을 구한 군인은 1950년 해병 김성은 부대의 고종석 삼등병조(하사), 1966년 해병 2사단 이인호 대위, 1970년 육군 27사단 차성도 소위, 2004년 육군35사단 김범수 중위 등이 있다. 차성도 중위(추서) 추도식은 해체된 27사단을 대신하여 15사단이 주관하고 있다.
- 1966년 베트남 파병에 맞춰 만든 부대가(部隊歌) '그 이름 맹호부대…' 〈맹호들은 간다〉로 유명하다.
- 1946년 1월 15일 태릉 현재 육군사관학교 자리에서 창설 당시 1연대 A중대가 남조선국방경비대 최초 창설부대이며, 이어서 각 도에 1개 중대씩이 창설되었다. A중대는 현재 수기사 예하 102기계화보병대대로 유지되고 있다.

제1보병사단 전진부대

심장 모양의 방패는 국가초석인 군의 중추적 역할, **1**은 1사단, **적색**은 단결과 충성심, **황색**은 군과 민주주의를 수호하는 국민의 평화애호심, **청색**은 청순하고 영원무궁한 국가의 방패를 의미한다.

(1950년 10월 3일 북진시 정식으로 제정된 군 최초의 부대마크이다.)

- 본래 6·25전쟁 낙동강 반격시 피아식별을 위해 백선엽 장군이 하트(심장) 모양의 황색천으로 표시하여 사용하였다.

애칭 이승만 대통령으로부터 1950년 10월 19일 평양에 선봉입성하여 북한 중앙정부청사에 태극기를 게양한 것을 기념하여 '전진'이라는 친필휘호를 받은 데에서 유래하며 1966년 6월 20일 부대에서 제정하였다.

역사 1947년 서울 남산동에서 창설된 1여단이 모체이며 1949년 사단으로 승격되었다. 1949년 송악산 전투의 육탄10용사로 유명하며 6·25전쟁 중 남원과 밀양지역 공비소탕작전을 비롯하여 개성·문산지구, 다부동, 임진강, 베티고지 등지에서 112회의 전투를 수행하였다. 평양 입성으로 전 장병 1계급 특진하였으며 운산까지 북진하였다. 서울 재탈환시 선봉으로 태극기를 게양하는 등 불패의 신화를 자랑하였다. 휴전 이후 1978년 제3땅굴 발견, 1995년 무장공비 완전소탕작전 등 9회의 대간첩작전을 수행하였다.

- 1949년 5월 북한이 불법점령한 개성 송악산 고지 탈환을 위해 포탄을 안고 돌진하여 산화한 10명의 장병을 기린 육탄10용사로 유명하며, 육군은 2001년부터 최우

수 부사관 10명을 선정하여 육탄10용사상을 수여하고 있다.

- “나라가 망하기 직전이다. 저 사람들(미군)은 싸우고 있는데 우리가 이럴 순 없다. 내가 앞장설 테니 나를 따르라. 내가 후퇴하면 나를 쏴도 좋다.” 6·25전쟁 중 낙동강전선 다부동에서 당시 미 1군단 예하 유일한 한국군 부대인 1사단 사단장 백선엽 준장이 후퇴하는 부하들을 가로막으며 외친 말이다.
- 영화 〈태극기 휘날리며〉의 주인공이 속한 부대로도 알려져 있지만, 정확하지는 않다.

제2보병사단/제2신속대응사단 노도부대

1 |

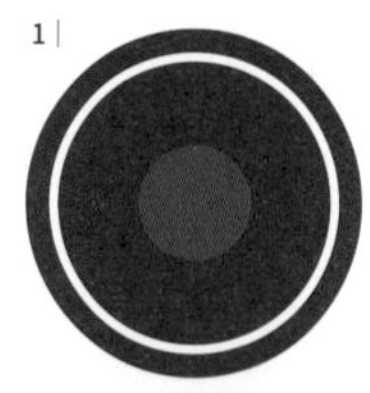

2 |

3 |

1 |

원은 만물의 근원으로 육군의 태동과 일심단결 및 무궁한 발전, **4개 원**은 조국을 이끄는 수레바퀴, **외부 청색원**은 적색원(적군)을 포위하는 아군과 단결, **백색 원**은 자유와 평화 및 백의민족, **내부 청색원**은 청년의 기백과 성난 파도, **적색 원**은 정열과 애국충정 및 공산적(共産敵), **적 · 청 · 백색**은 음양의 조화와 태극기를 의미한다.
(1951년 6월 19일 철의삼각지대전투의 승리를 기념하여 제정하였다.)

• 양궁이나 사격 선수들이 이 마크를 본다면 반가울 수도 있다.

2 | 신속대응사단 개편 이후 추가된 **AIRBORNE**은 공수임무를 의미한다. 〈**마크**〉

3 |

구름은 사단의 빛나는 명예와 전통을 계승발전시키려는 웅비의 의지, **산악과 2개 스키대**는 산악사단의 활동무대와 2사단을 의미한다. 〈**산악마크**〉
(1968년 6월 20일 당시 1야전군사령관 서종철 중장으로부터 산악사단이라는 애칭을 부여받아 제작하였다.)

애칭 이승만 대통령이 1948년 10월 여순사건에 관여한 군인들을 진압하는 모습을 '여름철 성난 파도를 보는 것 같다'고 묘사한 데에서 유래하여 같은 해 부대에서 제정하였다.

• 예비사단이라 훈련과 작업량이 어마무시하여 노동부대라 부르기도 했다고 한다.

역사 1947년 대전에서 창설된 2여단이 모체로 1948년 여순사건에 투입되었고 1949년 사단으로 승격되었다. 1950년 잠시 해체되었다가 서울 성동공업중학교에서 재창설되었다. 6·25전쟁 중 의정부지구전투를 비롯하여 17연대의 인천상륙작전, 수차에 걸친 공비소탕작전과 김일성고지, 저격능선, 화살머리고지, 금화지구 등지에서 106회의 전투를 치렀다. 휴전 이후 울진·삼척 및 대암산지역 등 10회의 대간첩작전을 수행하였다. 2019년 해체되어 2021년 양평에서 신속대응사단으로 재창설되었다.

• 인제 가면 언제 오나 원통해서 못살겠네 그래도 양구보다 나으리…
• 1968년 수색중대를 시작으로, 1976년 대대급 규모인 전군 유일의 스키부대를 운영하였다. 1981년까지 운영되었으며 설비호(雪飛虎)라는 애칭으로 불렸다.
• 특전사 사가(私歌) 독사가(毒蛇歌)를 본 딴 설비호가가 있다. 예를 들면 독사가의 '막걸리 생각날 때 흙탕물을 마시고 사랑이 그리울 때 일만이만(一滿二滿) 헤아린다'라는 가사는 '막걸리 생각날 때 눈가루를 마시고 사랑이 그리울 때 백설 위를 치닫는다'로 바꿔 불렀다. 참고로 일만이만이란 강하 후 낙하산 산개확인을 위해 일만부터 사만까지 헤아리는 것을 말한다.

제3보병사단 백골부대

1 |

3개의 별은 별처럼 영원불멸한 3사단, **삼각형**은 3사단과 3개 연대의 백절불굴의 전투의지, **청색**은 청결과 순수, **백색**은 백의민족과 평화를 의미한다.

2 |

2 |

백골은 필사즉생 골육지정(必死卽生 骨肉之情) 부대의 상징, **3개 별**은 별처럼 영원불멸한 3사단, **삼각형**은 3사단과 3개 연대(여단)의 백절불굴 전투의지, **청색**은 청결과 순수, **백색**은 백의민족과 평화를 의미한다.

(1951년 9월 24일 백골이 없는 초기 마크를 부관참모 조남철 소령이 제안하였고, 이후 백색선 사이 모양이 사각에서 삼각으로 바뀌었다. 2012년 12월 3일 현재의 백골이 들어간 마크로 변경되었다.)

• 1979년 10월 16일 사단장 박세직 소장이 육본에 현재와 유사한 백골이 추가된 마크로 개정을 건의하였으나 부결된 바 있다.

애칭 본래 사자부대였으나 해방 직후 월남한 서북청년단원들이 18연대에 자원입대하여 '죽어 백골이 되어서라도 끝까지 싸워 조국을 수호하고 북녘의 땅을 되찾겠다'는 굳은 의지로 철모 좌우측에 백골을 그려 넣은 것이 유래가 되어 1962년 1월 1일 부대에서 제정하였다.

역사 1947년 창설된 3여단이 모체이며 1949년 사단으로 승격되었다. 영남지역 공비토벌 중 6·25전쟁을 맞아 수도사단과 함께 최초로 38선을 돌파하고, 소양강유격대 소탕전을 비롯하여 포항지구, 한석산, 피의 능선, 가칠봉, 현리 등지에서 150여 회의 전투를 수행하였다. 혜산진 및 최북단 부령까지 북진하는 등 무패의 신화를 자랑하였다. 휴전 이후 1992년 침투한 적 3명을 전원사살한 5·22 완전작전과 1997년 월경한 적 14명 전원사살 및 격퇴시킨 7·16 완전작전을 비롯하여 39회의 대간첩작전을 수행하였다.

- 6·25전쟁 당시 1950년 10월 1일 예하 23연대 3대대 10중대가 양양에서 38선을 최초로 돌파한 것을 기념하여 이 날을 국군의 날로 삼았다는 설이 널리 퍼져 있다. 하지만 육·해·공 3군 중 공군이 1949년 10월 1일 마지막으로 창설되자 비로소 3군체제가 되었음을 기념하여 1956년 이승만 대통령이 지정하였다.
- 1973년 3월 7일 군사분계선 팻말 보수작업 당시 발생한 충돌로 아군 사상자가 발생하자 사단장 박정인 준장의 강력한 보복작전으로 105mm와 155mm 포세례를 퍼부어 북한 경비초소와 북한군을 절멸시켰다.
- 서북청년단 출신 진(眞)백골 18연대의 영향을 받아 3사단 근처로 갈수록 커다란 백골 조형물과 함께 심심치 않게 볼 수 있는 구호인 '백골용사의 다짐'. 5가지 내용은 다음과 같다. 1. 멸공통일 최선봉 천하무적 백골사단 2. 쳐부수자 북괴군 때려잡자 김父子 3. 김父子는 미친 개 몽둥이가 약!!! 4. 부관참시 김일성 능지처참 김정일·정은 5. 북괴군의 가슴팍에 총칼을 박자!!!

제5보병사단 열쇠부대

원은 단결과 완전무결, **열쇠 모양**은 5사단과 통일의 열쇠, **적색**은 정열과 정의를 의미한다.
(1952년 6월 1일 종군화가 이준이 창안하여 사단장 장창국 준장이 제정하였다.)

- 연세 드신 분들 사이에서는 열쇠의 방언인 쇳대사단으로 통했고, 그 이후에는 휠체어사단이라 불리기도 하는데 적이 부상을 입은 적은 있어도 막강 5사단은 해당되지 않는다.

애칭 남북통일의 열쇠를 쥐고 있는 막강부대라는 의미로 1952년 6월 1일 부대에서 제정하였다.

역사 1948년 수색 은평리에서 창설된 5여단이 모체이며 여순사건에 투입되었다. 1949년 사단승격 후 1950년 재편성되어 6·25전쟁 중 영남지역 공비소탕 작전을 비롯하여 가평·춘천 탈환전 및 피의 능선, 가칠봉, 351고지, 백암산 등지에서 300여 회의 전투를 치렀다. 휴전 이후 6회의 대간첩작전을 수행하였으며 국군 최초로 GOP 과학화경계시스템을 도입하였다.

- 1951년 8월 양구 월운리에서 펼쳐진 피의 능선 전투에서 미 2사단에 배속되어 적 1개 사단 규모를 괴멸시키며 단일전투 사상 최대의 전과를 올리자 이승만 대통령은 '천하무적사단'이라는 칭호를 부여했다.

제6보병사단 청성부대

육각 별은 6사단, **청색 별**은 자유와 평화 및 외부 백색인 백의민족의 보호하에 분투하는 정예사단, **청색**은 왕성한 기백과 애국 및 지성, **백색**은 정직과 순결, **삼각형(山)의 결합**은 산악전의 왕자를 의미한다.

(1951년 7월 사단장 장도영 준장이 창안하여 제정하였다.)

애칭 6·25전쟁 당시 유엔군이 적색바탕의 같은 마크인 미 6사단의 애칭 '레드 스타(Red Star)'에서 따와 '블루 스타(Blue Star)'라 부른 데에서 유래하여 부대에서 제정하였다.

역사 1948년 충주에서 창설된 4여단이 모체로 6여단으로 개칭되어 1949년 사단으로 승격되었다. 6·25전쟁 중 가장 많은 전투수행과 적 사살기록을 갖고 있으며, 춘천지구, 음성·문경, 신녕지구, 사창리, 가평·용문산 지구 등지에서 154회의 전군 최다 전투와 9만여 명의 최다 적 사살을 기록하였고, 순천을 거쳐 압록강 초산까지 북진하였다. 휴전 이후 1975년 제2땅굴 발견 등 25회의 대간첩작전을 수행하였으며 국군 최초로 대통령 부대표창을 수상하였다.

- "임부택을 잡아오든가 6사단 7연대를 없애버려라!", 6·25전쟁 중 중공군 총사령관 팽덕회의 절규다. 1950년 6월 24일 자정을 기해 모내기철을 맞아 전 장병들에게 특별휴가가 주어졌다. 하지만 북한의 남침을 예상하고 즉각전투태세를 갖춘 채 대기하던 유일한 부대가 임부택 대령의 6사단 7연대였고, 결과적으로 춘천·홍천지구 전투에서 적의 조공(助攻)인 북한군 2군단의 진격을 차단하여 전쟁 초기 국군의 붕

괴를 막았다. 이는 당시 갓 부임한 사단장 김종오 대령의 신임과 지지 덕분이었다. 이때의 패배로 수원으로 진출하여 국군을 포위·섬멸하려던 계획이 무산되자 김일성은 2군단장과 예하 사단장들을 해임했다. 모루 없는 망치의 헛스윙이었다.

- 1950년 10월 26일 당시 7연대 1대대 장병이 압록강물을 수통에 담는 사진과 이승만 대통령에게 보낸 일화로 유명하다.
- 1968년 1·21사태 이후 육군은 2kg 모래주머니를 발목에 차고 구보와 행군을 실시할 것을 지시했다. 당시 6사단 19연대 3대대의 겨울일과를 보면 일조점호 후 대대장 이하 전 병력이 편도 2km 알통구보와 함께 각 중대별로 소지한 M-1 소총으로 얼음을 깨고 냉수마찰을 하였으며, 이 밖에도 봉체조와 태권도훈련은 물론 전 장교와 하사관은 스케이트를 의무적으로 익혀야 했다.

제7보병사단 칠성부대

원은 우주, **청색**은 대한의 맥박과 평화, **7개 별**은 육군과 7사단, **태극 모양의 칠성**은 대한민국, **7개 별의 연결**은 상하일치와 화목단결로 통일과 평화를 지향함을 의미한다.
(1949년 6월 10일 부대승격 당시 신상철 대령이 창안하여 제정하였다.)

애칭 고조선 치우 장군 이래 장수의 칼과 지휘기에 등장하였던 북두칠성처럼 모든 것의 중심이 되어 항상 승리하겠다는 의미로 창설 당시 부대에서 제정하였다.

- 북두칠성사이다. 언제라도 휴전선을 돌파하고 북두칠성을 향해 북으로 용진하여 국민에게 시원한 사이다 한방 먹여줄 부대이다.

역사 1949년 서울 용산(현 전쟁박물관)에서 창설된 4여단이 모체이며, 수도여단을 거쳐 7사단으로 승격되어 지리산 지구 공비토벌작전에 참가하였다. 6·25전쟁 중 의정부, 포항, 영천, 화천, 백석산, 크리스마스고지전투 등 128회의 전투를 수행하였다. 1사단과의 평양입성 경쟁으로 유명하며 순천, 구장까지 북진하였다. 휴전 이후 45회의 대간첩작전을 수행하였다.

- 6·25전쟁 중 1950년 10월 18일 평양에 입성하여 북한군 전선사령부가 주둔하던 김일성대학 옥상에 태극기를 게양하였다.
- 육군에서 유일하게 창군과 동시에 창설된 한자릿수 숫자의 여단(연대)으로 구성되어 있다.

- 영화 〈고지전〉은 휴전 직전 7사단이 강원도 김화의 425·406고지에서 치른 전투를 기반으로 제작되었다.

제8기동사단 오뚜기부대

오뚜기(달마) 모양은 칠전팔기 백절불굴(七顚八起 百折不屈)의 정신과 8사단, **황색**은 희열과 명랑, 평화, 화합 및 단결, **적색**은 충성과 정열을 의미한다.

(1951년 3월 15일 정의 앞에서 손발과 목이 잘려도 굴복하지 않고 재기한다는 의미의 달마/오뚜기 모양으로 사단장 최영희 준장이 제정하였다.)

- 무수히 많은 포복과 행군으로 손과 발이 다 닳아 없어져 피와 고름만이 영광의 상처로 남아 있다는 전설의 부대이다.

애칭 애초에 달마부대로 불렸으며, '백절불굴 부전상립(不顚常立)'의 오뚜기 같은 기상을 의미하여 1951년 3월 15일 부대에서 제정하였다.

- 맞춤법이 개정되어 오뚜기가 아닌 오뚝이가 바른 말이나 고유명칭임을 감안하여 원안대로 사용하기로 하였다.

역사 1949년 강릉에서 한국군 군번 1번 이형근 장군을 사단장으로 창설되었다. 6·25전쟁 중 호남지구 공비소탕작전을 비롯하여 강릉지구, 단양, 풍기·영주, 의성, 영천지구, 횡성, 백석산, 수도고지·지형능선, 금성지구 등지에서 138회의 전투를 수행하였다. 1986년 차량화보병사단, 2010년 기계화보병사단을 거쳐 2021년 기동사단으로 개편되었다.

- 6·25전쟁 당시 국군의 6개 포병대대 중 강릉의 8사단에는 1대대를 근간으로 한

18포병대대가 배치되었다. 공교롭게도 북에서 월남한 서북청년단 출신으로 구성된 18포병대대와 3사단 18연대는 고유번호가 같았다. 26일부터 이틀간 육박전도 불사한 대대의 활약으로 포항점령을 목표로 하는 동해안축선의 북한군을 10시간 이상 지연시켰다.

- 6·25전쟁 중 영천대회전 당시 공로로 1950년 9월 20일 전군 최초의 대통령부대 표창을 받았다.
- 이형근 장군(대장)이 장교군번 1번(10001)이라면, 사병군번 1번(1100001)은 임부택 장군(소장)이다. 참고로 장교군번 부여기준은 최초 이력서 접수순이었으나 곧 성적순으로 바뀌어 한동안 유지되다가 현재는 가나다순으로 변경되었다.

제9보병사단 백마부대

1 |

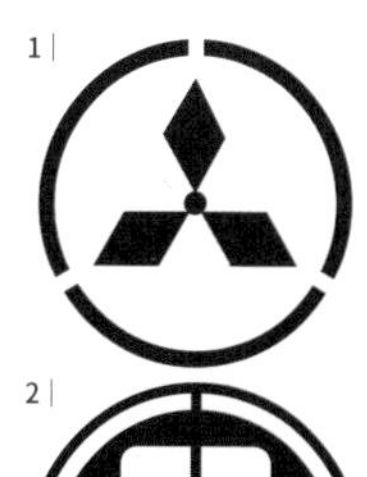

2 |

3 |

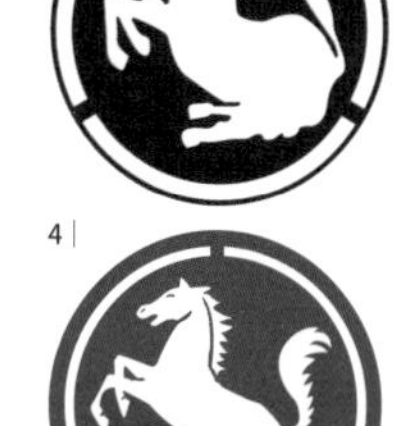

4 |

1, 2, 3 |

1950년 11월 3일 최초 제정된 마크는 3등분 외부에 3개의 보석이 배치되어 미 군사고문단에서 루비사단이라 불렀다. 이후 1951년 8월 25일 9사단을 의미하는 숫자 9와 4등분한 외곽선의 마크를 거쳐 1952년 상승백마를 하사받은 후 현재의 마크로 변경되었다.

4 |

3등분 백색 원형은 결백과 백의민족, 자유 및 3개 전투부대, **청색**은 평화와 백절불굴의 혼, 희망 및 우국충정, **백마**는 백마고지의 감투정신과 백두산을 향해 용약돌진하는 모습을 의미한다.
(1952년 11월 3일 최정수 일등중사가 창안하여 제정하였고 1963년 1월 15일 현재 모양으로 최종 확정되었다.)

• 람보르기니사단이라 불린다고 하는데 람보는 맞는 것 같다…

애칭 이승만 대통령이 1952년 10월 백마고지전투 승리를 기념하여 '상승백마'라는 칭호를 하사한 데에서 유래하여 1952년 11월 3일 부대에서 제정하였다.

역사 6·25전쟁 중인 1950년 서울 청계초등학교에서 창설되어 대둔산 및 김천 · 상주지역 공비소탕작전을 비롯하여 설악산 · 오대산 유격부대 소탕 작전과 현리, 백마고지, 저격능선 등지에서 98회의 전투를 수행하였다. 휴전 이후 베트남에 파병되어 오작교 작전 등 500여 회의 전투에 참가하였으며 3 · 23 대간첩작전 등을 수행하였다.

- 6 · 25전쟁 중인 1952년 10월 6~15일간 고지의 높이가 1m나 낮아지는 혈투를 벌인 끝에 중공군 13,000여 명을 사살하며 38군 3개 사단을 괴멸시킨 백마고지(395고지)전투를 통해 한국군의 전투력을 대내외에 과시하였다. 이를 통해 육군 10개 사단의 추가증편이 가능하게 되었다.

제11기동사단 화랑부대

방패는 국가방위, **청색**은 정의와 평화, **백색**은 백의민족의 순수성, **백색 사선줄**은 11사단과 진취적 기상을 의미한다.
(1951년 9월 사단장 오덕준 준장이 창안하여 제정하였다.)

- 보병사단 시절 세간에서는 젓가락부대라 불리며 '행군' 하면 즉시 떠오르는 부대였다.

애칭

창설 당시 이승만 대통령이 '화랑의 후예로서 남북통일의 주역이 되라'는 뜻으로 하사하여 제정하였다.

- 새로운 부대가 창설될 때면 이승만 대통령은 반드시 참석하였다. 이 대통령은 10달러 지출도 직접 결재할 만큼 달러절약에 철저했다. 하지만 미 육군대학 유학생 장교는 300달러, 출장장교에게는 150달러의 용돈을 쥐어줄 만큼 군에 대한 애정이 컸다.

역사

6·25전쟁 중인 1950년 영천에서 창설되어 지리산, 전라도 지역 공비소탕작전을 비롯하여 후방 각지 포로경비임무와 설악산, 월비산, 건봉산 등지에서 94회의 전투를 치렀다. 휴전 이후 1967년 울진·삼척 무장공비소탕작전과 1968년 영동 및 1996년 강릉지구 등 3회의 대간첩작전을 수행하였다. 2000년 차량화보병사단과 2004년 기계화보병사단을 거쳐 2021년 기동사단으로 개편되었다.

- 6·25전쟁 중인 1952년 7월 임관한 한 갑종장교의 전입과정을 살펴보면, 전남 광주 보병학교에서 11사단 배속명령을 받고 열차편으로 서울까지 이동하여 신설동

버스터미널에서 각 부대별로 운행하는 2.5톤 트럭을 요금을 지불하고 춘천까지 타고 간 뒤, 사단본부가 있는 강원도 간성까지는 지나가는 트럭을 빌려타야 했다. 날이 어두워 홍천에서 1박을 하고 다음날 몇 대의 트럭을 갈아탄 뒤에야 늦은 오후 본부에 도착하여 신고를 마칠 수 있었다.

- 위의 신입장교 전입 당시 사단장은 오덕준 준장이었는데, 당시 부대 전훈(戰訓) 중 하나가 '공은 부하에게, 명예는 상관에게, 책임은 나에게'였다. 그리고 그 신입장교는 군생활 내내 이를 되새겼다.

제12보병사단 을지부대

백색 방패는 백의민족과 조국수호, **청색 6각별**은 푸른 창공과 평화, **적색 6각별**은 광명과 강인한 보병, **내·외부 2개 6각별**은 12사단을 의미한다.
(1952년 11월 15일 부대에서 제정하였다.)

애칭

창설 이후 1952년 11월 15일 이승만 대통령이 고구려의 명장이자 역사상 불멸의 전승을 거두어 민족의 자존을 드높인 을지문덕 장군의 진취적 기상을 계승하라는 뜻으로 하사하여 제정하였다.

역사

6·25전쟁 중인 1952년 양양 전진리에서 창설 후 재편성되어 인제 서화에서 방어임무를 맡으며 1953년부터 854와 812 및 쌍용고지에서 5회의 전투를 치렀다. 휴전 이후 1975년 거진 무장간첩선 및 1996년 강릉 무장공비소탕작전 등 25회의 대간첩작전을 수행하여 83명을 사살하였고, 1995년 북한군 최광혁 하사 귀순유도임무를 수행하였다. 향로봉(1,293m) 등 해발 1천 미터 이상 백두대간 준령의 산악지역을 작전지역으로 하며, '산악을 평지처럼'을 신조로 삼고 있다.

- 전설적인 4언절구 '인제 가면 언제 오나 원통해서 못살겠네'의 주인공.
- 엄홍길 대장도 몇 번이고 쉬어갔다는 최대높이 50cm의 계단 4,600여 개를 올라야 하는 GOP소초에 한때 국군 유일의 모노레일이 있었다. 250kg 용량으로 보급품 추진을 위해 운용되었으나 지금은 보급로가 완공되어 역사 속으로 사라졌다.

제15보병사단 승리부대

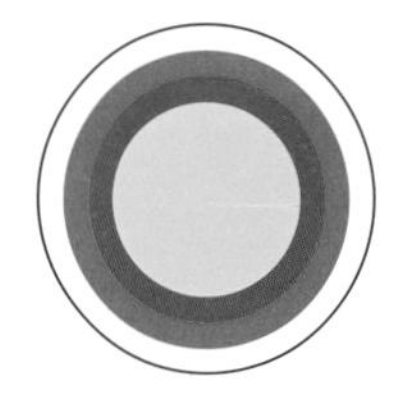

원형은 육군 태동의 근원과 화합단결, **백색 원**은 우주와 대한의 전통과 평화, **적색 원**은 태양과 용맹, **청색 원**은 밤과 자유 및 평화, **황색 원**은 15야(夜) 밝은 달인 보름달과 사단의 무궁한 번창을 의미한다.

- 훈련강도가 세기로 유명하여 적색은 피, 청색은 멍, 황색은 고름이라고도 하며, 계란후라이로 불리기도 한다.

애칭 원래 보름달부대였으나 1953년 창설 1주년 기념식 당시 고성지구전투의 전공을 치하하며 프란체스카 여사의 건의로 이승만 대통령이 '싸우면 반드시 승리하는 부대'라는 뜻으로 하사하여 제정하였다.

역사 6·25전쟁 중인 1952년 양양 전진리에서 창설되었다. 1953년부터 351 및 339고지 등 간성과 고성지구 등지에서 100여 회의 전투를 치렀고 휴전 이후 48회의 대간첩작전을 수행하였다.

- 12·15사단을 시작으로 참모총장 시절 부대창설을 주도했던 백선엽 장군의 증언에 의하면 미군부대에서 3개월간의 현장교육을 받은 창설요원들이 신설부대에서 지휘관·참모들을 교육하여 체제를 갖춘 후에야 군장이 지급되었다고 한다.
- 지금은 확인하기 힘들지만 1970년대까지만 해도 GOP 임무교대시 안전사고 예방을 위해 산신(山神) 호랑이를 달래는 산신제를 지냈다고 한다. 15사단만 그러지는 않았으리라.

제17보병사단 번개부대

방패는 국가와 민족의 방패가 되어 국민의 재산과 생명보호, **청색**은 온화함과 평화를 수호하고 인화단결하여 새 역사 창조의 선도적 역할, **적색**은 왕성한 공격정신과 정열, **번개**는 17사단, **검**은 정의와 충성, **백색 사선**은 번개와 같은 기동, **적색과 청색**은 음양의 조화를 의미한다.

(1982년 8월 17일 김대현 대위가 창안하여 제정하였다.)

- 17시(번개)가 되면 커튼(백색사선) 치고 칼(검)퇴근.

애칭 2차 세계대전 당시 맹위를 떨치던 독일군의 부대마크에서 유래하여, 번개와 같이 적을 일격에 격멸하고자 하는 번개인의 강인한 의지를 의미하며, 이전 33사단에 이어 1983년 8월 16일 부대에서 제정하였다.

역사 1955년 33예비사단으로 창설되어 1968년 전투사단으로 개편되었고 1982년 17사단으로 변경되었다. 전군 유일의 해 · 강안 경계부대로 창설 이후 22회의 대간첩작전을 수행하였다.

- 한때 꿈의 혹은 환상의 17사단, 17시 칼퇴근 등으로 현역 · 방위병들에게 각광받던 시절이 있었다.

제20기계화보병사단 결전부대

백색은 단일배달민족, **청색**은 자유와 평화, **적색**은 열정과 충성심 및 적의 파멸, **반원 모양의 철모**는 완성된 전투준비와 조국수호, **4개 화살**은 적을 향한 결전기동, **원**은 궤도로서 기계화부대, **적·청·백색의 조화**는 태극을 의미한다.

- 치토스 수기사와 자일리톨 양(楊)기사, 양(兩) 기계화사단은 자존심을 두고 경쟁해왔었다.

애칭 결정적인 시간과 장소에서 결전을 통해 조국에 승리와 영광을 바칠 수 있는 믿음직한 부대라는 의미로 창설 당시 부대에서 제정하였다.

- 수기사에 맞서 알 만한 사람은 다 안다는 양기사로 불렸다.

역사 6·25전쟁 중인 1953년 양양 전진리에서 1교육여단으로 창설되어 사단으로 승격되었다. M-1 및 크리스마스고지에서 2회의 전투를 치렀으며 휴전 이후 12회의 대간첩작전을 수행하였다. 1958년 해체되어 1959년 양주 신산리에서 29사단이 20사단으로 재편되었다. 1981년 차량화보병사단을 거쳐 1983년 기계화보병사단으로 개편되었다. 2019년 11기계화보병사단에 흡수되었다.

- K1A1 전차를 비롯하여 K21 보병전투장갑차, K2 흑표전차 등 신규장비 출고시 최초로 배치되었다.

제21보병사단 백두산부대

1 |

2 |

1, 2 |
청색 원은 우주, **백색 원**은 6대주의 단결, **내부 청색**은 자유와 평화, 백두산 · 금강산 · 한라산 및 남북통일의 성업의지, **백색 산능선**은 백의민족, **산봉우리의 3개 7자**는 7×3으로 21사단을 의미한다.
(1954년 5월 15일 사단장 민기식 소장이 창안하여 제정하였다.)

애칭 1953년 2월 1일 창설준비 중 이승만 대통령이 '통일의 선봉으로 백두산 정상에 태극기를 꽂으라'는 뜻으로 하사하여 제정하였다.

- 전군에서 유일하게 '백두산'이라는 북한 지명을 사용하고 있다.
- 작업에 한이 서린 일부 예비역들은 '총칼은 녹슬어도 삽날은 빛난다'는 백두삽부대라 부르기도 한다.

역사 6 · 25전쟁 중인 1953년 양양 조산리에서 2교육여단으로 창설되어 사단으로 승격되었다. 건봉산지구 전투를 치렀고 휴전 이후 1990년 제4땅굴을 발견하였으며 23회의 대침투작전을 수행하였다.

- 인제 가면 언제 오나 원통해서 못살겠네 그래도 양구보다 나으리….
- 1981년 9월 10일, 가칠봉 적 GP에서 아군 GOP 선상 초소에 기관총을 발사하자 그 즉시 50여 발에 이르는 아군의 CAL50 대응사격으로 아군의 피해는 전무한 반면 적은 수 명의 (사)상자가 발생한 것으로 육안으로 확인되었다. 먼저 보고 먼저 쏘자! 적

도발에는 두 배 이상 응징하는 교전규칙과 교육훈련의 결과였다.

- 수맥의 대가인 천주교 신부까지 초청하여 10여 년간 적 땅굴에 대한 조사 결과 1990년 3월 제4땅굴을 발견하였는데, 바로 당시 초청한 이모(某) 신부가 지정한 그 곳이었다.
- 금강산 막내봉인 가칠봉과 김일성, 모택동, 스탈린고지가 포함된 휴전선 최단접적(接敵)지역이자 31개의 해발 1천 미터 이상 고봉이 포함된 가장 높고, 길며, 넓은 전군 최대 GOP정면 10%의 지역을 담당하고 있다.
- 돼지를 키우니 뱀이 사라져 편안히 살았다는 유래에서 나온 대표적인 침식분지인 양구의 해안분지(亥安盆地) 펀치볼. 6·25전쟁 당시 김일성과 모택동고지를 두고 싸운 격전지인데, 움푹 들어간 모습이 마치 화채그릇(Punch Bowl) 같다 하여 붙여진 이름이다. 예전에 일부 주민과 군인들 사이에서 주먹(Punch)으로 내려쳐 공(Ball) 모양처럼 움푹 파였다 하여 펀치볼이라 부른다는 얘기가 회자되기도 했다.

제22보병사단 율곡부대

외형은 평화의 종, **내부 모양**은 22를 우레로 형상화, **청색**은 통일염원과 평화를 의미한다.
(창설 당시 부대에서 제정하였다.)

애칭 창설 당시 적에게 벼락과 같은 충격을 안기어 번개와 같은 종소리로 남북통일을 이룬다는 의미로 부대에서 뇌종부대라 제정하였으나, 영동지역에서 출생하여 금강산 등지에서 수학하고 선조 때 병조판서를 지내며 10만 양병설의 주장한 율곡 선생의 유비무환과 우국충정의 정신을 계승하고자 2003년 4월 21일 사단장 이성출 소장이 주도하여 변경하였다.

- 모양에서 따온 콘돔부대로 유명했고, '골 때린다'는 느낌을 주는 단어인 애칭 뇌종은 몇몇 역사(歷史)에 기록될 사고가 겹치며 역사(歷史)적인 율곡 선생이 부대명으로 등장하자 기어이 역사(歷史) 속에 묻히게 되었다.

역사 6·25전쟁 중인 1953년 양양 강현리 설악산 기슭에서 창설되어 미 9군단에서 교육훈련 중 휴전을 맞이하였다. 1958년 해체되어 20사단에 편입되었다가 1982년 재창설되었다.

제25보병사단 상승비룡부대

1 |

2 |

1 |
적색 심장은 정열, **오각형**은 충·효·용·의·신(忠·孝·勇·義·信)의 화랑정신, **25**는 25사단, **녹색**은 평화와 이상, **백색**은 단일민족과 백의민족의 순결, **외곽선**은 철통 같은 방어진을 의미한다.
(1953년 5월 11일 전체적으로는 사단장 문용채 준장이, 심장 모양은 부인이 제안하여 제정하였다.)

2 |
오각형은 충·효·용·의·신의 화랑정신, **숫자 25**는 25사단, **녹색**은 평화와 이상, **백색**은 백의민족의 일치와 순결, **외곽선**은 철통같은 방어진을 의미한다.
(1960년 11월 29일 사단장 김재명 소장이 25cm 정오각형을 기준으로 수정하여 제정하였다.)

애칭

창설 당시 이승만 대통령으로부터 받은 상승이라는 칭호에 설악산 비룡폭포 8km 인근에서 창설되어 이를 합쳐 부대에서 제정하였다. 4대 영물이자 동쪽과 태양을 의미하는 용, 특히 비룡처럼 찬란한 부대의 역사와 전통을 과시하고 나날이 승승장구하는 최강의 부대를 나타낸다.

- 한때 '간첩 잡는 부대'라는 별명으로 유명했다. 1967년 6~7월에는 3회에 걸쳐 아군 피해는 전무한 상태에서 12명을 사살하며 2천 5백여 점의 장비를 노획하였다.

역사

6·25전쟁 중인 1953년 양양 강현리 설악산 기슭에서 창설되었다. 휴전

이후 36회의 대간첩작전을 수행하였으며, 1974년 고랑포에서 국군 최초로 제1땅굴을 발견하고 1979년 북한군 3사단 민경대대 안찬일 상사를 유도귀순시켰다. 미래육군의 Army TIGER 4.0 실험부대이다.

- 1971년 9월 25일 이른바 9·25교시를 통해 김일성이 "남조선을 해방하기 위해 속전속결전법을 도입하여 기습전을 감행할 수 있게 하라."고 지시하자 북한군은 노동당 창건 30주년인 1975년 10월 10일을 목표로 군단별로 땅굴작전을 수행하여 약 20여 개의 굴착이 시작되었다. 제1땅굴을 비롯하여 1975년 철원의 2땅굴, 1978년 판문점 부근의 3땅굴, 1990년 양구의 4땅굴이 발견되었으며, 우리나라의 전 전선에 걸쳐 땅굴이 존재하는 것으로 밝혀졌다.
- Army TIGER 4.0은 미래육군에 대한 구상이다. TIGER는 Transformative Innovation of Ground forces Enhanced by the 4th industrial Revolution technology의 약자로 4차 산업혁명기술로 강화된 지상군의 혁신적 변화, 4.0은 4세대 첨단과학기술을 의미하여, 지능화·기동화·네트워크화된 전투플랫폼을 기반으로 전투원의 생존성을 보장하고 빠르고 치명적인 전투력을 발휘하기 위한 유·무인 복합전투체계이다.

제26기계화보병사단 불무리부대

적색 원은 태양으로 막강한 화력과 신속한 기동력 및 임무완수를 위한 뜨거운 열정, **황색 원**은 달로 인류의 염원인 자유와 평화 및 전우를 사랑하는 따뜻한 마음, **청색 바탕**은 하늘로 이상을 실현하려는 젊은이의 기상과 올바르게 살아가는 맑고 밝은 정신을 의미한다.

• 적색과 황색을 피와 고름 혹은 마스터카드라 부르기도 한다.

애칭 해같이 뜨거운 열정과 달 같이 따뜻한 마음, 하늘 같이 맑고 밝은 정신을 가지고 전 부대원이 일치단결하여 통합전투력을 발휘함으로써 정예 공격사단을 육성하자는 의미로 1953년 9월 7일 부대에서 제정하였다.

역사 6·25전쟁 중인 1953년 논산에서 창설되어 휴전 이후 1968년 청와대 습격 및 1981년 필승교 무장공비소탕작전 등 12회의 대간첩작전을 수행하였다. 1994년 기계화부대로 개편되었으며 2018년 8기계화보병사단에 흡수되었다.

제27보병사단 이기자부대

2색(色) 7각은 27사단, **이기자**는 백전백승의 신념과 불굴의 투지 및 오직 승리, **적색**은 정열과 충성심으로 국가와 민족을 위하여 신명을 바치는 일편단심과 희생정신을 의미한다.

• 완벽한 위장에 정열과 충성의 핏빛 가득한 배를 까뒤집던 이기자개구리. 2022년, 이제는 적(籍)을 잃은 무당개구리가 되었네…

애칭

1953년 10월 1일 사단장 이형석 준장이 더 이상 6·25전쟁 같은 국난을 되풀이하지 않겠다는 결연한 의지를 담아 필승의지를 고취시키기 위해 전군 최초의 우리말이자 행동실천형 단어로 제정하였다.

• 사단장 싸모(부인)의 이름이다, 이긴 적이 없어 제발 좀 이겨보자는 의미로 불렀다는 등 설이 많은데, 재미삼아 만든 얘기들이니 심각하게 받아들일 필요는 없다.

역사

1953년 휴전 이후 양양 송암리에서 교육총본부 산하로 창설되어 1965년 베트남전에 병력(비둘기부대)을 파병하였다. 4회의 대간첩작전을 수행하였으며 2022년 해체되었다.

• 휴전 이후 창설되어 전투는 구경도 못했는데 6·25전쟁 중 부대기(旗)를 빼앗겼다 혹은 이겨본 적이 없어 이기자부대라 불렀다는 등의 괴담이 퍼져 있다. 설령 사실이라 해도 치욕적인 일이건만 당당하게 진실인 양 주장하는 일부 간부와 예비역들이 있다. 우리 선배들이 그런 소리 들으라고 이름 모를 산하(山河)에 차가운 묻힌 것이 아니다. 분명히 말하지만 대한민국 그 어느 부대도 깃발을 빼앗긴 곳은 없다.

제28보병사단 무적태풍부대

원은 사단의 하나된 모습과 총구, 조국통일의 염원 및 견적필살의 의지, **소용돌이**는 28사단과 태풍의 눈을 중심으로 폭풍우처럼 적을 향해 돌진하는 태풍부대, **청색**은 자유와 평화, **백색**은 자유와 백의민족을 의미한다.

애칭

남쪽에서 발생하여 무차별하게 휩쓸고 북진하는 태풍처럼 적을 일격에 강타하여 심장부 깊숙이 초토화시키겠다는 의지와 신념을 의미하며 1989년 1월 1일 부대에서 제정하였다.

역사

1953년 휴전 이후 논산에서 창설되어 1954년까지 제2훈련소에서 신병교육을 담당하였다. 44회의 대간첩작전을 수행하여 적 54명을 사살하고 4명을 생포하였다.

• DMZ전망대 중 북한땅과 가장 가까운 태풍전망대가 있다. 육군이 경계를 담당하는 지역의 전망대는 도라산, 상승, 열쇠, 철원평화, 승리, 칠성, 을지, 통일전망대 등이 있으며, 이 외에 연말 크리스마스트리 점등식으로 유명한 해병대의 애기봉전망대가 있다.

제29보병사단 익크부대

한반도 모양은 2, **움켜쥔 주먹**은 주먹으로 38선을 때려부수겠다는 의지와 9를 의미한다.
(창설 당시 사단장 최홍희 준장이 창안하여 제정하였다.)

- 마크에서 주먹 쥔 팔은 부인이 그린 최홍희 장군의 오른팔이다.
- 참고로 2차 세계대전 중인 1943년 창설되어 1944년 노르망디 상륙 작전 당시 괴멸되다시피 한 독일 17SS장갑척탄병사단의 그것과 매우 유사하다.

애칭 창설 당시 존경하는 신익희 선생을 기리기 위해 사단장 최홍희 장군이 정하였다. 태권부대, 주먹부대로도 불렸다.

- 택견의 기합소리 '익크', '액크'가 아니었다.

역사 1953년 제주 모슬포 제1훈련소에서 창설되어 1959년 20사단으로 변경되었다.

- 당수도·공수도 등으로 불리던 무술에 태권도라는 이름을 붙인 것으로 알려진 사단장 최홍희 장군은 경례구호도 태권으로 하고 장병들에게 최초로 태권훈련을 실시하였다.

제31보병사단 충장부대

1 |

2 |

1 |

테두리는 3과 삼천리강산, **적색 화살**은 1과 통일을 향한 북진의지 및 투지, **청색**은 평화와 청년의 기백 및 왕성한 사기, **황색**은 조국의 풍요와 무한한 발전을 기원하는 소망, **청 · 황 · 적색의 조화**는 화목과 단결된 31사단을 의미한다.

2 |

방패는 광주 · 전남지역 수호와 방호, **방패 상단**은 호남의 영산 무등산, **불꽃**은 31사단과 조국수호를 향한 결연한 의지 및 열정, **청색 테두리**는 서남해안의 철통경계, **백색**은 백의민족의 순수성과 평화의 염원, **녹색**은 녹색의 땅 전라남도와 지상군, **주황색**은 빛고을 광주를 의미한다.

애칭

전라남도 광주 석저촌에서 출생하여 김천일, 고경명과 함께 임진왜란 3대 의병장으로 불리며, 영조 때 병조판서로 추증된 충장공(忠壯公) 김덕령 장군의 충혼을 이어받으라는 의미에서 1989년 부대에서 제정하였다.

역사

1955년 강원도 화천 풍산리에서 창설되었으며 1967년 장성 · 담양 및 완도 · 횡간도 대침투작전, 1998년 여수 임포 반잠수정간첩선 격침 등 150여 회의 대간첩작전으로 403명을 소탕하고, 63회의 밀입국자 검거 작전을 수행하였다.

- 지역에 섬이 많아 국내 최장인 2,299km 해안선 경계를 책임지고 있다.
- 2022년 현재 전군 최다 대통령 부대표창 수여부대이다.

제32보병사단 백룡부대

방패는 국토를 수호하는 국군의 위용, **청색 바탕**은 깨끗한 자연우주, **백색 테두리**는 깨끗하고 정의로운 임무를 수행하는 사단, **지도 모양**은 우리 강토의 자랑과 3, **2개의 별**은 남 · 북극성과 2를 의미한다.

애칭 천제(天帝)의 사자(使者)로서 서쪽방향을 지키는 수문장이자 용 중에 가장 강하고 인간에게 이로우며 충성을 상징하는 백룡처럼 서해안 최선봉에서 조국수호에 여념이 없는 장병들의 용맹과 기상을 드높인다는 의미로 창설 당시 부대에서 제정하였다.

역사 1955년 포천에서 창설되었으며 1966년 전투사단으로 증 · 개편되어 베트남에 파병된 9사단 지역의 공백을 메웠다. 파병된 수도사단을 대신하여 기계화사단으로 개편되었으나 수도사단 복귀 후 흡수되었다. 1973년 연기군에 주둔하던 51예비사단을 이어받아 32예비사단을 거쳐 1982년 향토사단으로 개편되었다. 태백산지구, 천수만, 부여 등지에서 4회의 대간첩작전을 수행하였다.

- 2작전사령부 내에서 가장 많은 국가 주요시설을 책임지고 있다.
- 세종경비단 마크의 방패는 32사단, 세종은 세종시, 중앙의 문양은 대한민국정부를 의미한다.

제33보병사단 번개부대

삼각형은 삼천리 강토의 방어, **번개** 2개는 33사단과 신속한 기동, **청색 바탕**은 왕성한 사기, **흑색 테두리**는 침착성, **황색 테두리**는 융화와 근면을 의미한다.

애칭 2차 세계대전 당시 연합군에게 공포의 대상이었던 독일군 정예부대의 번개표식에서 유래하여 부대에서 제정하였다.

역사 1955년 양구에서 33예비사단으로 창설되어 수도권, 경기지역 강·해안 경계를 담당하며 수십 차례 대간첩작전을 수행하였다. 1982년 17사단으로 해편되었다.

- 1961년 5·16군사정변 당시 서울로 출동한 병력 중 1개 대대를 수도경비사령부 33대대로 잔류시켜 훗날 33경비대대·단을 거쳐 같은 운명의 30경비단(30사단 모체)과 함께 1경비단으로 흡수되었다. 통상명칭만 봐도 쉽게 알 수 있다.

제35보병사단 충경부대

청색 바탕은 평화, **황색 테두리**는 3개 방패의 연결과 삼천리 조국강토의 수호 및 철통 같은 단결, **중앙 적색**은 열정과 충성으로 조국통일의 성업완수, **황색 별**은 육군 및 육군의 제일가는 사단, **3개 방패**는 3, **오각 별**은 5를 의미한다.

애칭

전라북도는 본래 충효의 고장이며, 임진왜란 당시 전주성을 수호한 의병장 이정란 장군의 호 충경(忠敬)에서 따와 1992년 1월 1일 부대에서 제정하였다.

역사

1955년 화천 풍산리에서 창설되어 1964년 지리산 개발 및 1970년 호남고속도로 개통사업 등을 지원하였으며, 부안 · 임실지역 등 총 87회의 대간첩작전을 통해 174명을 사살 · 생포하고, 21회의 밀입국작전으로 607명을 검거하였다.

- 2004년 수류탄훈련 중 순직한 고(故) 김범수 대위(추서계급)를 추모하기 위해 추모비 및 추모관을 세우고 신병교육대에서는 수류탄훈련 전 묵념을 실시하고 있다. 또한 2016년부터 '김범수 대위상'을 제정하여 매년 모범간부에게 상을 수여하고 있다.

제36보병사단 백호부대

자색은 영원불멸의 삼천리 강토로 대한민국, **외부와 내부의 삼원육각**은 36사단, **삼원**은 일치단결 및 철통 같은 사주방어, **육각**은 6대주와 사해팔방으로 뻗어가는 기상을 의미한다.
(창설 당시 부대에서 제정하였다.)

애칭 인자(仁慈)와 지혜 및 용맹을 상징하는 백호의 기상을 의미하며 1967년 1월 부대에서 제정하였다.

역사 1955년 인제 대야리에서 창설되어 1961년 봉화지구와 1966년 평해, 1968년 울진 · 삼척지구, 1996년 강릉 대간첩작전 등 총 6회에 걸쳐 18명을 사살하고 2명을 생포하였다.

• 현 위치로 본래 50사단이 이동하기로 계획되어 있었으나 36사단으로 변경되었다.

제37보병사단 충용부대

청색 바탕은 평화를 사랑하고 정의감에 불타는 군인정신과 합심단결하여 임전필승을 다짐하는 장병들의 뜨거운 애국충정, **황색 모양**은 3개의 7로 37사단 및 지휘관을 중심으로 일사불란한 지휘체계와 강철같이 단결된 예하부대를 의미한다.

- 독일 차량 벤츠와 마크가 비슷해서 벤츠사단이라고 불린다는데 글쎄… 참고로 2차 세계대전 당시 동부전선에서 활약한 사실상 여단급의 독일 (플랑드르계) 27SS의용척탄병사단의 그것과 거울을 보듯 유사하다. 어쩌다 보니 독일 2관왕.

애칭 참된 마음에서 우러나오는 국가와 민족에 대한 충성심을 가진 씩씩하고 용기있는 장병들의 기백을 의미하며 37사단으로 개칭 당시 부대에서 제정하였다.

역사 1955년 양구에서 창설되어 37사단으로 개칭되었다. 1967년 연풍 · 월악산 · 제천 · 옥천 및 1968년 울진 · 삼척지구 대간첩작전을 수행하였다.

제38보병사단 치악산부대

2개 백색 반월은 3과 백의민족의 평화로운 국민성 및 거대한 희망봉을 향해 굳세게 행진함, **황색 팔각별**은 8과 철통같이 단결하여 사각팔방으로 진격의 선봉이 되고 대지에 빛남을 의미한다.

• 38사단이 해체된 자리로 대체되어 이동한 36사단과 마크가 비슷하다.

애칭 주둔지역에서 유래한 것으로 추정된다.

역사 1955년 포천에서 38예비사단으로 창설되어 1960년 향토사단으로 개편되었다. 1982년 36사단으로 해편되어 76훈련단으로 재편되었다. 1968년 울진 · 삼척지구 무장공비소탕작전을 수행하였다.

• 예비사단은 현재의 지역방위(향토)사단과 동원사단의 역할을 담당하였으며 시 · 도별로 자원에 따라 1~2개 사단씩 배치되었다.

제39보병사단 충무부대

백색 원은 철통 같은 향토방위와 백의민족의 기풍 및 일치단결, **청색 원**은 유구한 민족역사와 우리 강토의 평화를 사랑하는 마음, **파도**는 3개의 9로 39사단 및 파도와 같은 힘찬 백절불굴의 정신을 의미한다.

• 충무김밥에는 콩나물국이지.

애칭 창설 당시 충무공의 대승지(大勝地)에 주둔하여 위기가 닥치면 성난 파도와 같이 분연히 일어나는 백절불굴의 구국정신을 의미하여 파도라 하였으나, 충무공의 활동지역임을 기억하며 23전 전승 충무공의 얼을 부대목표로 승화시켜 무(武)로써 충성을 다한다는 의미로 2008년 4월 1일 부대에서 변경 · 제정하였다.

역사 1955년 포천에서 창설되어 1981년 향토사단으로 개편되었으며, 45회의 대간첩작전을 통해 20여 명을 사살했다.

제50보병사단 강철부대

백색 선은 五와 0으로 50사단, **적색 선**은 불로 단련된 강철로 필승의 신념, **V**는 Victory를 의미한다.

애칭 불에 단련된 강철과 같이 강인하고 필승의 신념에 불타는 부대임을 의미하며 1980년 6월 20일 부대에서 제정하였다.

• 유명한 TV 프로그램 〈강철부대〉와 이름만 같다. 예능은 예능일 뿐이다.

역사 1955년 화천에서 창설되어 1982년 향토사단으로 개편되었으며 36사단 책임지역 일부를 인수하여 전군에서 가장 넓은 지역을 담당하고 있다. 1968년 울진 · 삼척지구 등 52회의 대간첩작전을 수행하였으며 2000년 다부동에서 유해발굴사업을 최초로 시작하였다.

제51예비사단 방파제부대

V모양은 5, **별**은 1을 의미하는 것으로 추정된다.

애칭 의미 알 수 없음.

역사 베트남으로 떠난 9사단 담당지역으로 32사단이 이전하자 해당지역 공백과 베트남으로 파병된 수도사단의 전력을 메우기 위해 1966년 충남 연기에서 창설되어 1973년 32사단으로 해편되었다.

제51보병사단 전승부대

방패는 수도권방어, **녹색**은 내륙방어, **청색**은 해안경계, **백색 숫자**는 51사단과 한반도 지형을 의미한다.

애칭 전·평시 매사 주도권 장악, 현장격멸의 완전작전 수행을 의미하며 1982년 10월 1일 부대에서 제정하였다.

역사 1975년 인천 계양에서 창설된 99보병여단을 모체로 1982년 화성 매송면에서 51사단으로 승격되어 1996년 향토사단으로 개편되었다. 2023년 지역방위사단 최초로 승진과학화훈련장에서 제병협동사격훈련을 실시했다.

제52보병사단 화살부대

방패는 수도서울 절대사수, **백색 테두리**는 민족의 슬기와 전통, **청색 바탕**은 찬란한 역사와 전통, **화살**은 52사단과 총화단결, **청색 화살**은 진취적 · 공세적 부대를 의미한다.

애칭 활시위를 떠나 목표만을 향해 날아가는 화살처럼 목표지향적, 진취적, 공세적인 부대로서 수도서울 절대사수라는 굳은 의지와 조국통일을 위한 영원한 전진을 의미하며 1988년 9월 1일 부대에서 제정하였다.

역사 1978년 100훈련단(강남훈련단)으로 창설되어 1982년 영등포에서 52사단으로 승격되었으며 1996년 향토사단으로 개편되었다.

- 추억의 강동 · 송파 강송교장. 퇴근하는 예비군들에게 (막상 틀어보면 엉뚱한 액션 영화만 나오는) 야한 비디오를 팔아먹는 (빌어먹을) 아저씨가 있었다.

제53보병사단 진충부대

청색은 백절불굴의 충성심과 애국심, **백색**은 백의민족의 단결과 철통 같은 방어선, **삼각형**은 우리나라의 주춧돌인 부산과 안정된 바탕 위에 통일 이룩, **중앙**은 5와 3으로 53사단과 한반도 모양으로 북진을 의미한다.

애칭 임진왜란 당시 동래부 충렬공(忠烈公) 송상현 부사의 충성심과 관민들의 호국정신을 계승하며, 지역의 위대한 인물의 업적을 기리고자 1982년 충렬부대라 부대에서 제정하였으나 1987년 11군단이 창설하며 충렬을 사용하자 오륙도를 거쳐 1995년 3월 1일 국가에 충성을 다하고 책임지역을 기필코 방어하겠다는 의미인 진충(盡忠)으로 변경하였다. 2007년 11군단이 해체되자 2009년 1월 1일 옛 부대명인 충렬로 환원하였다.

역사 1970년 부산경비단으로 창설되어 1982년 53사단으로 승격되었다. 1983년 다대포와 1985년 청사포 대간첩작전 등 31회 대침투작전 수행 및 3척의 간첩선을 격침시키고 1992년 이후 30여 차례 밀입국 및 어획물절도선박을 검거하였다.

- 1994년 학군 및 육사 출신의 소대장 2명과 하사 1명의 탈영사건이 발생했다. 병들의 하극상에 의해 벌어진 일이었는데, 이에 대한 대책으로 1996년 하사관계급장 체계 개정, 2001년 하사관에서 부사관으로, 2002년 부사관임용에서 임관으로의 개정 등이 포함되었다.

제55보병사단 봉화부대

숫자는 55사단과 횃불로 부대발전, **황색**은 정의와 의지로 단결된 부대, **백색 선**은 백의민족이 수도권을 물샐 틈 없이 방어하여 책임 지역 고수, **적색**은 정열을 바쳐 충성을 다함을 의미한다.

애칭 충성 하나로 타오르는 횃불이 되어 겨레수호의 선봉장으로서 봉화의 불길과 같이 떨쳐 일어나 적을 격멸한다는 의미로 1983년 부대에서 제정하였다.

역사 1975년 용인 둔전리에서 63훈련단으로 창설되어 1982년 55향토사단을 거쳐 1996년 보병사단으로 개편되었다.

- 종종 봉홧불보다 더 밝은 에버랜드의 화려한 불꽃쇼를 멀리서나마 볼 수 있다. 황홀한 느낌은 특수전교육단 장병들도 잘 알고 있다.

제56보병사단 북한산부대

방패는 수도서울 핵심부분의 방어, **녹색 삼각형**은 성곽으로 자유민주주의 질서를 수호하는 난공불락의 견고성, **대검**은 정의수호와 지상전에서의 승리, **56**은 56사단과 서울시민 보호의 굳은 의지를 의미한다.

- 아침 5시, 저녁 6시면 3호선을 타고 출퇴근하는 방위병들을 기리는 것은 아니다.

애칭 서울의 상징이자 백운대 · 국망봉 · 인수봉, 세 봉우리가 있어 삼각산으로 불린 해발 813m의 북한산을 의미하며 1990년 5월 19일 부대 이전 당시 부대에서 제정하였다.

역사 1975년 화전에서 60훈련단으로 창설되어 1982년 동원사단으로 승격되었다. 1985년 56보병사단으로 개편되어 1990년 재창설된 60사단과 분리되었다.

- 예전 20세기 후반 예비군훈련 당시 이화여대가 관할구역 내에 포함되어 있다고 상기되어 말하던 중대장과, 환호성을 지르던 복학생 예비군들이 생각난다. 그 중대장은 지금까지 군에 남아 있다면 어디에선가 군단을 지휘하고 있을 것이다.

제57보병사단 용마부대

황색 방패는 임전무퇴의 정신으로 수도권 책임지역 수호, **중앙 문자**는 불암산과 57사단, **백색 테두리**는 백의민족과 수도권의 평화 보장, **황색**은 인간의 혈맥, **청색**은 굽힐 줄 모르는 투지와 패기를 의미한다.

(1984년 1월 1일 제6대 사단장 정영휘 준장이 창안하여 제정하였다.)

- 언더우드사단이라 불렸다고 한다. …아는 사람만 알지 않을까 싶다.

애칭 원래 방패부대였으나 수도방위사령부와 혼동되어 진취적 기상과 용감성을 지닌 용마처럼 불굴의 정신과 의지, 임전무퇴의 기상으로 수도서울의 책임지역을 수호하고 평화를 보장한다는 의미로 1991년 1월 1일 부대에서 제정하였다.

역사 1975년 남양주 하접리에서 71훈련단으로 창설되어 1982년 동원사단으로 승격되었고 1984년 57향토사단을 거쳐 1987년 보병사단으로 개칭되었다. 2011년 56사단에 흡수되었다.

제60보병사단 권율부대

방패는 수도서울 사수, **녹색**은 평화와 단결, **화살표**는 공세적 · 진취적 기상, **황색 도형**은 60사단을 의미한다.

애칭

원래 비호부대였으나 임진왜란의 격전지이자 서울 진출입 관문인 행주산성의 지역적 특징과 행주대첩의 위업을 이룬 권율 도원수를 표상으로 삼고자 2002년 9월 1일 부대에서 제정하였다.

- 2016년 사단장 백상환 준장은 3개 보병연대 및 포병연대 등 4개 연대의 애칭을 권율 장군과 행주산성전투와 관련된 4명의 장군이름으로 개칭하였는데, 육군에서 사단과 예하 연대(여단)의 애칭을 모두 장군이름으로 명명한 유일한 사단이 되었다.

역사

1975년 화전에서 60훈련단으로 창설되어 1985년 56보병사단으로 개편되며 해체되었다가 1990년 60보병사단으로 재창설되었다.

제61보병사단 상승부대

외부 원은 6과 지휘관을 중심으로 전 장병의 일치단결, **중앙 1**은 1과 육군 동원사단 중 으뜸, **청색**은 푸른 창공과 같이 영원불멸 속에 지속발전하는 육군과 유구하고 찬란한 민족역사를 꿋꿋하게 이어가는 평화수호 및 높고 푸른 청운의 기개, **백색**은 청렴결백한 정의로움을 자랑하는 백의민족과 고결한 충성심을 의미한다.

(1977년 10월 1일 초대 사단장 이성동 대령이 창안하여 제정하였다.)

애칭 항상 승리한다는 의미로 창설 당시 부대에서 제정하였다.

역사 1977년 전남 광주 서산동에서 61훈련단으로 창설되어 1983년 동원사단을 거쳐 1987년 보병사단으로 승격되었으며, 1998년 동원사단 최초로 백두산훈련에 참가하였다. 2017년 해체되었다.

- 2019년 육군은 44,000㎡의 부지를 부천시에 약 520여억 원에 매각하였고, 이후 넷플릭스 드라마〈D.P.〉와 〈신병〉이 이곳 177연대 자리에서 촬영되었다.
- 17사단과 함께 꿈과 환상을 두고 경쟁하여 결국 승리하였다.

제62보병사단 충룡부대

육각 모양은 6과 부대의 전통 및 명예를 자랑하는 것으로 호국정신으로 적의 침략을 거부하는 부대의 방호, **Z**는 2와 상하 인화단결을 통한 부대의 기상과 절도 및 동원사단으로서의 번개와 같은 동원, **청색**은 젊음과 용맹 및 기개, **백색**은 고결한 충성을 의미한다.

• 하정우가 출연한 영화 〈용서받지 못한 자〉에서는 이 마크를 90도 돌려서 사용하였다.

애칭 원래 계룡부대였으나 계룡대가 창설됨에 따라 충성(忠誠)과 계룡산(鷄龍山)에서 따와 충신을 많이 배출한 충청남도에 대한 긍지와 자부심으로 충성을 다하며, 군인으로서 용과 같이 하늘로 승천하는 기개와 용맹스러움을 의미하여 1990년 4월 20일 부대에서 공모를 통해 제정하였다.

역사 1976년 조치원에서 62훈련단으로 창설되어 1981년 동원사단을 거쳐 1987년 보병사단으로 개칭되었다. 1989년 이후 2군 예포를 전담하였으며 1995년 부여 대간첩작전 등을 수행하였다. 2008년 32사단에 흡수되었다.

• 예포 발사수는 전·현직 대통령 및 외국원수급 21발, 부통령부터 대장급까지 19발, 차관 및 중장급 17발, 소장급 15발, 준장급 13발, 그리고 대리대사와 총영사급 11발이다.

제63보병사단 봉화부대

방패는 국가수호, **내부 문양**은 봉화, **상단 불 모양**은 6, **3층 받침**은 3을 의미하는 것으로 추정된다.

애칭 마크가 먼저 제작되었다면 그 모양에서 유래한 것으로 추정된다.

역사 **제55보병사단 항목 참조**(100쪽)

제65보병사단 밀물부대

6자의 오각형은 65사단, **오각형**은 국토방위, **황색**은 필승, **청색**은 보병과 단결을 의미한다.

애칭 평시에는 썰물처럼 기간편성임무를 수행하지만 전시에는 밀물처럼 신속하게 동원병력을 전력화하여 전선에 투입, 동시에 단결된 힘을 발휘하는 동적인 부대라는 의미로 1977년 10월 15일 부대에서 제정하였다.

역사 1974년 65훈련단으로 창설되어 1982년 동원사단으로 승격되었으며 1987년 보병사단으로 개편되었다. 2017년 해체되었다.

- 동원사단임에도 특이하게 전투수영장이 있었다. 꽤 넉넉한 크기에 계곡물을 받아 한여름에도 한기가 느껴지고 옆에는 PX가 있어 훈련만 아니라면 놀이동산 부럽지 않은 환경이었다. 괜히 밀물부대가 아닌 것.

제66보병사단 횃불부대

청색은 젊음과 용기 및 기백, **백색**은 백의민족과 슬기 및 지혜, **2개의 육각형**은 손을 맞잡은 모습으로 부대의 굳은 단결심, **육각형 내부**는 인체의 가장 중요한 부분인 심장과 끊임없는 활동 및 지칠 줄 모르는 끈기로 최선봉 동원사단으로서 막중한 임무수행과 저돌성 및 강인한 집념, **육각 테두리**는 66사단과 불타오르는 횃불을 의미한다.

(1977년 10월 1일 훈련단장 신영권 대령이 제정하였다.)

애칭 원래 방패부대였으나 25사단과 혼동되어 어둠 속에서도 일정한 방향을 제시하여 의도된 곳으로 힘을 집중시키는 선도자 역할을 한다는 의미로 1992년 9월 2일 장병들의 의견을 수렴하여 부대에서 제정하였다.

역사 1977년 안동에서 66훈련단으로 창설되어 1982년 동원사단으로 승격되었으며 1987년 보병사단으로 개편되었다.

- 50여 년 전 1군단 주둔지였다. 놀라운 점은 수십 년간 시설들의 변화가 거의 없다는 점이다.

제67보병사단 용진부대

육각형은 동원사단, **별**은 지휘관, **청색**은 정의, **백색**은 완전무결, **67모양**은 67사단을 의미한다.

애칭 전시 부대증편 후 전방으로 이동하는 임전무퇴의 기상과 필승의 신념을 나타낸 것으로 통일의 굳센 의지를 의미하며 창설 당시 부대에서 제정하였다.

역사 1976년 증평에서 67훈련단으로 창설되어 1987년 보병사단으로 승격되었으며 2017년 37사단에 흡수되었다.

제68보병사단 철벽부대

백색은 육지, **청색**은 동해, **녹색**은 영원한 번영, **68모양**은 68사단, **원**은 평화, **칼**은 막강보병을 의미한다.
(창설 당시 부대에서 제정하였다.)

애칭 영동지역 사수의 보루로서 험준한 태백준령과 동해안을 철벽과 같이 방호하겠다는 의미로 68동원사단으로 승격 당시 부대에서 제정하였다.

역사 1975년 양양 하조대에서 68훈련단으로 창설되어 1987년 동원보병사단으로 승격되었다. 1996년 강릉 무장공비소탕작전을 수행하고 1998년 23사단으로 개편되었다.

- 68사단의 해편으로 이제 '몇18'로 발음되는 사단은 28사단만이 남아 있다. 육군 사단급 이상의 고유명칭 중 숫자 10, 13, 18 등은 사용되지 않는다. 부정적인 느낌과 욕을 떠올리는 숫자이기 때문이다. 특히 4는 모든 부대에서 금지되어 있다. 죽을 사(死)가 연상되기도 하지만 창군 초기 여순사건 등의 여파도 있다.

제69보병사단 태풍부대

청색은 유구찬란한 민족역사를 꿋꿋하게 이어가는 평화수호와 항구적인 존속발전 및 높고 푸른 청운의 기개, **방패**는 국가보위 및 민족수호의 **상징**으로서 숭고한 군인정신, **백색 원형**은 69사단과 태풍, **백색 외곽**은 철통 같은 방어진과 백의민족의 일치단결을 의미한다.

애칭 69 모양과 태풍의 경로에 있는 곳에 주둔하여 명명한 것으로 추정된다.

역사 1980년대 69훈련단으로 창설되어 동원사단으로 승격되었으며 2008년 39사단에 흡수되었다.

제70보병사단 충효부대

방패는 국토방위와 국민의 생명 및 재산보호, **청색**은 대한민국 맥박의 자유, **황색**은 온 겨레의 광명, **내부 문자**는 70사단과 떠오르는 태양을 의미한다.

- 내부문자 중 7자는 태백산맥, 0자는 태양으로 해석하는 이들도 있는데 묘하게 설득력 있다.

애칭 1982년 3월 1일 안동지역으로 부대 이전 당시 고장의 특성을 본받고자 부대에서 제정하였다.

역사 1977년 대구에서 70훈련단으로 창설되어 1982년 동원사단으로 승격되었으며 2008년 50사단에 흡수되었다,

제71보병사단 선승부대

백색 테두리는 절대적이고 완벽한 국토수호, **주황색**은 따뜻한 온기로 국민의 생명과 재산보호, **내부 문자**는 71사단을 의미한다.
(1990년 6월 1일 초대 사단장 맹귀재 준장이 창안하여 제정하였다.)

- 과거 수방사 예하 소속이었던 5개(52, 56, 57 60, 71) 사단의 방패는 수방사 모양을 차용했다.
- 눈으로는 71이 보이지만 머리에는 76과 주유소가 떠오른다.

애칭 수도서울 방어의 선봉부대로서 모든 전투에서 항상 승리할 수 있도록 완벽한 전투준비태세를 갖추고 있다는 의미로 분리 · 창설 당시 부대에서 제정하였다.

역사 1975년 남양주군 하접리에서 창설된 71훈련단이 모체로, 1982년 71동원사단을 거쳐 1984년 57향토사단으로 개편되며 해체되었다. 1990년 71보병사단으로 재창설되어 2016년 해체되었다.

제72보병사단 올림픽부대

청색 방패는 책임지역인 수도권 수호, **적색**은 7과 승리의 탑, 진취성 및 무한한 발전, **황색 문양**은 2와 소총 가늠자, 초전박살 의지 및 부대의 단결을 의미한다.

애칭 창설 당시 오봉산부대였으나 '88 서울올림픽의 성공적인 수행에 기여한 공로를 인정하여 1988년 11월 11일 노태우 대통령이 하사하여 제정하였다.

역사 1981년 양주 송추에서 72훈련단으로 창설되어 1987년 사단으로 승격하였다. '88 서울올림픽 개 · 폐회식에 참가하였으며 2015년 미래동원사단으로 개편되었다.

- 자랑스런 전투방위 송추방위로 유명하다.
- "이런 젠장!" 드래곤볼과 기절의 신 대대장이 가세하여 국민들 대뇌의 전두엽을 흥분시킨 군디컬드라마 〈푸른거탑〉의 촬영지이다.

제73보병사단 충일부대

1 |

1 |

방패는 자유와 평화수호, **백색 선**은 단결, **녹색 바탕**은 충성심과 용기, **적색 삼각**은 분단조국, **청색 삼각**은 공격으로 적 섬멸을 의미한다.

2 |

2 |

적색 선은 북진과 7의 일부, **백색**은 한반도와 7의 일부 및 3을 의미한다.

애칭 국가를 위해 일심동체(一心同體)로 충성(忠誠)한다는 의미로 1991년 12월 1일 부대에서 제정하였다.

역사 1981년 남양주 도농리에서 73훈련단으로 창설되어 1987년 보병사단으로 승격되었다. 1989년 동원사단 최초로 팀스피리트훈련에 참가하였으며, 2010년 최초의 차기동원사단으로 개편되었다.

- 1975년 한미안보협의회를 통해 한·미연합합동기동연습에 합의하여 팀스피리트(Team Spirit, TS)훈련이라 명명하고, 1976년부터 실시하였다. 1969년의 한·미연합공수기동훈련 포커스 레티나(Focus Retina)와 1971년 프리덤 볼트(Freedom Volt)의 연장선상으로, 이를 정례화하여 발전시켰다.
- 전투방위 양대산맥 중 하나인 금곡방위로 유명하다.

제75보병사단 철마부대

1 |

1 |

방패는 국토방위, **백색**은 백의민족, **청색**은 평화와 단결, **내부 문자**는 75사단을 의미한다.

(1983년 6월 25일 훈련단장 허쟁 준장이 제정하였다.)

• 소문에 의하면 농협사단이라 불렀다는데 반박은 못하겠다.

2 |

2 |

태극 회오리 주변 삼원색은 평화와 충성 및 통일, **주황색**은 철마인의 용맹과 희망, **철마 장군상**은 임진왜란 당시 조국수호의 선봉에 섰던 의명의 기사(騎士)로 싸워 이기는 철마부대를 의미한다.

(2014년 1월 1일 청마(靑馬)의 해를 맞아 사단장 박노식 준장이 창안하여 재정하였다.)

애칭 부대를 둘러싸고 있는, 철마를 탄 장수가 왜적을 물리쳤다 하여 명명된 철마산의 정기와 영산의 보호하에 영원무궁한 발전과 백전불굴의 철마 정신을 계승한다는 의미로 창설 당시 부대에서 제정하였다.

역사 1983년 75훈련단으로 창설되어 1987년 보병사단으로 승격되었으며, 2017년부터 3년 연속 최우수동원사단에 선정되었다.

• 품목별로 관리하던 치장물자를 개인별 세트화하여 동원신속성을 높였다.
• 전 부사관을 대상으로 사단 자체평가기준인 야전취사 자격증 제도를 운용 중이다.

제76보병사단 진격부대

방패는 조국수호, **백색 문자**는 76사단, **청색 바탕**은 청년의 힘찬 기백, **백색 테두리**는 정의와 평화를 의미한다.

애칭 철통같이 단결하여 사각팔방으로 진격의 선봉이 되어 대지를 빛내며 단숨에 백두산과 두만강까지 진격하라는 의미로 1982년 8월 1일 부대에서 제정하였다.

역사 1955년 포천에서 창설된 38예비사단이 모체로 1982년 76훈련단으로 개칭되었고 1987년 보병사단으로 승격되었다. 1996년 강릉지구 무장공비소탕작전을 수행하였으며 2011년 해체되었다.

대한민국 육군 여단

여단 Brigade

17세기 스웨덴에서 제병통합개념으로 활용하였으며, 독자적인 전투수행이 가능한 최소단위편제이다. 보통 준장이, 사단 예하 여단(옛 연대)은 대령이 지휘한다. 우리나라의 경우 기능에 따라 포병 · 공병 · 기갑 · 공수 · 방공 · 산악 · 군수지원 · 화력 · 경비 · 항공여단 등 사단에 비해 다양하게 나뉘며, 일반적으로 군단 및 군단급 예하에 속해 있다. 현재 보병여단은 모두 해체 · 전환되었다.

제88보병여단

팔각과 88은 88여단을 의미하는 것으로 추정된다.

역사 1975년 창설되어 1982년 22사단에 귀속되었다.

제99보병여단

보병 병과마크는 보병부대, **적색과 청색**은 태극마크를 의미하는 것으로 추정된다.

역사 1975년 33사단 예하 99연대가 승격되어 김포 계양에서 창설되었으며 1982년 51사단으로 개편되었다.

- 70% 가까운 방위병을 중심으로 예하 대대가 감편운용된 신생 보병여단임에도 불구하고, 1980년 당시 수차례 방문한 참모총장과 한미연합사령관(존 위컴), 군사령관 등에게 극찬을 받았다.

제101보병여단 무적부대

청색은 보병, **백색**은 생사를 초월한 희생정신, **청색 원**은 부대의 단결과 충성 및 대한민국 군인, **백색 101**은 101보병여단과 조국통일, **방패**는 국가수호와 우국충정을 의미한다.

애칭 의미 알 수 없음.

역사 1982년 파주 금촌리에서 창설되어 1983년 문산천 하구 임월교에 수중 침투한 무장공비 3명을 추적 · 완전사살하였으며 2007년 해체되었다.

• 임진강 지류인 문산천 무장공비 사살작전으로 임진강결사대로도 알려졌다.

제103보병여단 미추홀부대

원은 부대의 단결, **103모양의 백색 선**은 103여단, **청색**은 통일기원과 평화의 정신, **1, 3모양의 V**는 전쟁에서의 승리, **방패**는 철저한 방위태세 유지로 책임지역의 수호를 의미한다.

애칭

부대가 위치한 인천의 옛 지명으로, 고구려 고주몽의 아들 비류가 남하하여 문학산에 도읍을 정하고 비류백제를 세우면서 이 지역을 미추홀(매소홀)이라 부르게 되었고 이를 바탕으로 부대에서 제정하였다.

역사

1983년 17사단 예하 171보병지단으로 창설되어 1984년 수도군단 예하 507여단을 거쳐 1994년 103보병여단으로 창설되었다. 2007년 해체되어 17사단으로 재편입되었다.

제1공수특전단/제1공수특전여단 독수리부대

1 |

2 |

〈마크〉 특수전사령부 항목 참조(34쪽)

1 |

청색은 하늘과 바다로 광범위한 임무활동범위, **독수리**는 부대호칭으로 공중을 나는 용맹성, **백색**은 배달의 민족, **3개 화살표**는 육상 · 해상 · 공중의 3면 침투와 임전무퇴 화랑정신을 계승하여 적의 섬멸함을 의미한다.

2 |

독수리는 날짐승의 제왕이며 한번 목표를 정하면 놓치지 않는 맹금류, **황색 깃털**은 전통 깊은 부대용사들의 저돌성, **녹색**은 광활한 대지와 부대의 임무수행장소를 의미한다. 〈**흉장**〉

역사 1958년 김포에서 창설된 1전투단을 모체로 1959년 1공수특전단으로 개칭되어 1967년 한미연합, 1968년 서귀포 및 울진 · 삼척지구, 1969년 흑산도, 1970년 안면도 등의 대간첩작전에 참가하였다. 1970년 베트남에 파병하였으며 1972년 1공수특전여단으로 개칭되었다. 1974년 전군 최초로 천리행군을 실시하였고, 1976년 8 · 18 독수리작전과 1996년 강릉 무장공비소탕작전을 수행하였다.

• 1특전단 창설 당시 6 · 25전쟁 때 활약하였던 유격군 일부가 합류하여 오키나와의 미 1특전단에서 한국군 최초로 공수교육을 받았다.

제1유격여단/제3공수특전여단 비호부대

1 |

〈마크〉 **특수전사령부 항목 참조(34쪽)**

1 |

낙하산은 공중침투, **1**은 1유격여단, **대검**은 유격전, **청색**은 하늘과 바다, **백색**은 배달의 민족을 의미하는 것으로 추정된다.

2 |

2 |

비호는 산악과 야지를 날 듯이 누비는 번개 같은 날쌘 기동성과 용맹성 및 강인한 투지력, **3개 봉우리**는 대한민국 삼천리 금수강산, **청색 바탕**은 푸른 고요와 평화를 의미한다. 〈**흉장**〉

• 간혹 날으는 고양이라 칭하는 아저씨들이 있었다.

역사

1969년 소사에서 1유격여단으로 창설되어 1972년 3공수특전여단으로 개칭되었으며, 1996년 강릉 무장공비소탕작전에 참가하여 적 6명을 사살하였다. '86 아시안게임 및 '88 서울올림픽을 시작으로 국군의 날 및 각종 국가행사에 태권도와 특전무술시범을 펼치고 있다.

제2유격여단
제5공수특전여단/특수임무단 흑룡부대

1 |

2 |

3 |

〈마크〉 특수전사령부 항목 참조(34쪽)

1 |
낙하산은 공중침투, **2**는 2유격여단, **대검**은 유격전, **청색**은 하늘과 바다, **백색**은 배달의 민족을 의미하는 것으로 추정된다.

2, 3 |
흑룡은 지혜와 용기 및 변화무쌍한 부대의 능력과 역량의 무한성으로 불가능이 없는 부대, **낙하산**은 공수부대의 기본침투수단, **번개**는 기동성과 무한한 승리, **청색**은 원대한 희망과 포부로 무궁한 발전, **흑색**은 광활한 지구로 특전부대의 활동무대, **5/특**은 5공수특전여단/특수임무단을 의미한다. 〈**휼장**〉

역사 1969년 수색 화전에서 2유격여단으로 창설되어 1970년 베트남에 파병되었다. 1972년 5공수특전여단으로 개칭되었으며 1999년 상록수부대 일원으로 파병되었다. 2000년 특수임무단을 거쳐 2010년 국제평화지원단으로 개편되었다.

- 특전사 예비대 역할을 맡아 부대개편이 잦았다.
- 아! 민주지산.

제7공수특전여단 천마부대

〈마크〉 특수전사령부 항목 참조(34쪽)

천마는 하늘나라의 상제(上帝)가 타고 다니는 말로 가장 빠른 말이며 책임감이 강하여 상관에게 절대복종 및 솔선수범하여 책임을 다하는 천마부대, **양 날개**는 공수부대의 특성으로 어떠한 상황에서도 임무를 완수하는 전천후 만능부대, **7개의 깃**은 7공수특전여단과 행운, **청색**은 평화와 무궁한 발전 및 행운을 의미한다. 〈**흉장**〉

• 갑순이는 꽃가마 타고… 갑돌이는 조랑말 타고.

역사 1974년 익산 금마에서 1공수특전여단 병력을 기간으로 창설되었다.

• 과거에는 작전 중에 간혹 행군하는 육군(제2)훈련소 훈련병들과 마주치면 병아리 삐약삐약거리며 놀려대던 아저씨들이 있었다. 정작 병아리들은 힘들어서 그 소리가 귀에 들어오지도 않는다는 점.

제9공수특전여단 귀성부대

〈마크〉 특수전사령부 항목 참조(34쪽)

흑색은 야간의 비정규전 등 특수전, **귀성**(鬼星) 은 남방 주작(朱雀) 7개 별인 정 · 귀 · 류 · 성 · 장 · 익 · 진 중 가장 빛나는 혼별로 신출귀몰하는 특전부대, **낙하산**은 임전무퇴의 특전부대, **뿔**은 방어의 완벽성과 무한한 저력, **이빨**은 적의 목을 꿰뚫을 수 있는 최강의 무기, **날개**는 신출귀몰하는 특전부대원, **천리안**은 천리를 관찰하며 암흑세상에 광명을 주는 존재, **王(왕)**은 모든 신을 지배하는 귀신을 의미한다. 〈**흉장**〉

- 마크와 관련된 속칭이 있으나 차마 입 밖에 내기가 민망하다.

역사 1974년 부평에서 창설되어 수차례 국군의 날 도보부대로 참가하였다. 1991년 걸프전 및 2001년 상록수부대 일원으로 파병되었으며 1996년 강릉 무장공비소탕작전을 수행하였다.

제11공수특전여단 황금박쥐부대

〈마크〉 **특수전사령부 항목 참조(34쪽)**

황금박쥐는 암흑과 야간을 배경으로 소리 없이 바람처럼 움직이는 용의주도한 임무수행능력, **번개**는 전격적인 침투와 특수전, **흑색**은 특전부대의 활동시간인 밤을 의미한다. 〈**흉장**〉

역사 1976년 잠정 창설되어 1977년 화천에서 정식 창설되었다. 여단 요원들을 기간으로 일부 군단특공연대 창설을 지원하였으며, 2000년 동티모르에 파병되었다.

제13공수특전여단/제13특수임무여단 흑표부대

1 |

2 |

〈마크〉 특수전사령부 항목 참조(34쪽)

1 |

흑표는 표범 중에서도 가장 표독하고 민첩한 동물로 야간을 무대로 한 동물의 왕자이자 산악을 평지처럼, **밤**을 낮처럼 누비는 부대원의 활동성, **청색**은 활동무대인 무한한 푸른 창공, **흑색 테두리**는 철통 같은 단결과 엄정한 군기 및 조직적인 행동을 의미한다. 〈**흉장**〉

- 우로봐 똥개. 예전 청색바탕 흉장의 흑표는 분열 때의 완벽한 우로봐 각도를 보여준다.

2 |

흑표는 표범 중에서도 가장 표독하고 민첩한 동물로서 야간을 무대로 한 동물의 왕자이자 산악을 평지처럼, **밤**을 낮처럼 누비는 부대원의 활동성, **회색**은 여단이 임무를 수행하는 야간작전환경을 의미한다.

(2017년 특수임무여단으로 개편시 마크가 변경되었다.)

역사 1976년 김포에서 편성되어 1977년 정식 창설되었으며 1995년 부여 대간첩작전을 수행하였다. 2001년 상록수부대 일원으로 파병되었으며 2017년 적 주요 수뇌부 제거 및 대량응징보복 작전을 위한 참수부대 특수임무여단으로 개편되었다.

국제평화지원단 온누리부대

〈마크〉 특수전사령부 항목 참조(34쪽)

백색은 평화, **청색**은 희망, **지구본**은 세계평화 유지, **태극**은 세계로 향하는 대한민국, **월계수**는 평화와 승리를 의미한다. 〈**휼장**〉

애칭 전체를 뜻하는 온과, 사람들이 살고 있는 세상을 뜻하는 누리를 합친 말로, 평화와 희망을 의미하는 푸르름과 세계를 누비며 임무를 수행하는 부대의 위상을 의미한다.

역사 2010년 특수임무단(구 5공수특전여단)을 모체로 창설되어 특전사 병력을 포함하여 파병에 나서는 국군자원들의 해외파병교육 및 파병일체를 전담하고 있다.

제707특수임무단 백호부대

〈마크〉 특수전사령부 항목 참조(34쪽)

백호는 영적인 동물이자 지상의 왕자, **황색**은 사령부 직할대임과 무한한 인내력, **흑색 테두리**는 광활한 지구로 부대의 활동무대를 의미한다. 〈**흉장**〉

역사 1981년 1 · 3 · 5공수특전여단 선발요원을 근간으로 특전 · 고공 · 해상지역대를 편성하여 707특수임무대대로 창설되었다. 이후 대테러특수임무대대로 전환하여 2019년 특수임무단으로 확대개편되었다.

- 1986년 12월 3일 경부고속도로 추풍령휴게소 내 버스 안에서 한 해병중사가 도망간 아내를 데려오라며 크레모아와 M-16 소총으로 인질극을 벌이고 있었다. 그때 어디선가 봉고차를 타고 나타난 검은 복장의 요원들이 작전을 개시하여 순식간에 중사를 사살하고 19명의 인질을 모두 구출한 후 유유히 사라졌다. 이 사건을 통해 707이 처음으로 세상에 알려졌다.
- 요즘 TV, 유튜브 등에서 출신 부대원들이 타군 특수부대원들과 함께 맹활약 중이다. 소속이 어디든 모두 우리의 든든한 자산(資産)이다.

제1기갑여단 전격부대

마름모는 보병 · 전차 · 포병의 제병협동, **화살표**는 강력한 공격과 필승의지, **1**은 1기갑여단, **황색**은 기갑, **청색**은 보병, **적색**은 포병, **백색**은 백의민족을 의미한다.

(1968년 4월 1일 여단장 손장래 준장이 창안하여 제정하였다.)

애칭 공세적인 선봉전격부대 육성이라는 지휘방침에서 착안하여 1989년 10대 여단장 이유수 준장이 제정하였다.

역사 1968년 양주에서 2기갑여단과 함께 M48A1을 기반으로 한국군 최초의 기갑여단으로 창설되었다.

- 2기갑여단과 같은 날, 같은 곳에서 동시에 창설되었으며 심지어 지휘관마저 같았다. 초대 여단장 손장래 준장은 당시 서종철 1군사령관으로부터 1, 2기갑여단의 부대기를 함께 수여받았다.

제2기갑여단 충성부대

마름모는 기갑부대, **화살표**는 공격적인 전투의지와 북진통일, **2**는 2기갑여단, **적색**은 수복해야 할 북한땅, **청색**은 지키고 보전해야 할 대한민국을 의미한다.

애칭 충심으로 목숨을 걸고 국가와 국민을 위해 몸과 마음을 바치는 부대가 되자는 의미로 1981년 국군의 날 행사 참가 이후 충성기념석을 건립하며 8대 여단장 이동훈 준장이 제정하였다.

역사 1968년 양주에서 1기갑여단과 함께 M48A1을 기반으로 한국군 최초의 기갑여단으로 창설되었다.

제3기갑여단 번개부대

마름모는 방패와 국토방위의 초석, **화살표**는 남북통일의 선봉, **3**은 3기갑여단, **황색**은 기갑, **청색**은 보병, **적색**은 포병, **백색**은 백의민족을 의미한다.

애칭 번개의 형상인 숫자 3과 기갑부대의 신속한 기동력을 의미하며 1988년 여단장 차기준 준장이 제정하였다.

역사 1980년 홍천에서 창설되어 3년만에 해체되었다가 1988년 재창설되었다. 구 소련에 빌려준 차관을 군수물자 및 기술 등으로 돌려받는 불곰사업을 통해 러시아제 장비로 무장하였으나 현재 전량 국산으로 대체되었다.

• 러시아제 T-80U 전차와 보병전투차량 BMP-3은 기계화학교와 KCTC 등지로 이관되어 제 역할을 다하고 있다.

제5기갑여단 철풍부대

마름모는 보병 · 기갑 · 포병 등 제병협동작전의 기갑부대, **5**는 5기갑여단, **황색**은 화력과 기동력, **적색**은 포병, **백색**은 백의민족, **화살**은 강력한 공격과 필승의지를 의미한다.

애칭 폭풍같이 바람을 일으키며 강인하게 질주한다는 의미로 초대 여단장 김중서 준장이 제정하였다.

역사 1990년 양주에서 창설되었다.

제102기갑여단 일출부대

선은 1과 발전, **동그라미**는 0과 멸사보국(滅私輔國), **하단 번개**는 2와 전투적응태세, **청색**은 끝없는 발전과 희망, **적색**은 불타는 충성심과 조국을 비추는 태양, **방패**는 군인정신과 진정한 용기필승의 신념 및 임전무퇴의 기상으로 국가에 대한 충성과 명예를 지향함을 의미한다.

애칭 일출로 유명한 곳에 주둔하여 명명한 것으로 추정된다.

역사 1988년 36사단 57연대를 모체로 삼척에서 창설되어 1994년 해안경계부대에서 상비보병여단을 거쳐 2007년 기갑여단으로 개편되었다.

- 러시아와 인근 국가에서 실시하는 탱크 바이애슬론과 흡사한 방식으로 2019년 6가지 과제가 주어진 전차기동훈련을 실시하였고 K1E1 전차는 '날았다!'.

제20기갑여단 독수리부대

독수리와 20은 20기갑여단, **원형 태극**은 대한민국과 3군단, **궤도**는 기갑부대, **2개 원**은 기갑과 전차포구, **적색**은 막강한 화력, **청색**은 신속한 기동력, **황색**은 충격효과, **백색**은 백의민족을 의미한다.

애칭 여단의 모체인 11사단 20여단(연대)의 애칭을 이어받았다.

역사 1946년 전남에서 창설된 4연대가 모체로 여순사건 이후 20연대로 개칭되었다. 6·25전쟁 당시 11사단에 배속되어 기계화여단으로 개편되었고 2019년 20기계화보병사단과 통합 당시 독립하여 창설되었다.

- 20기계화보병사단을 계승한 것으로 많은 이들이 혼동한다. 계승과정에 아쉬움이 따르는 것을 부정할 수는 없다.

제30기갑여단 필승부대

적색은 필승부대로서의 의지와 왕성한 돌격정신 및 영광의 승리쟁취, **백색**은 부대의 인화단결과 골육지정으로 단결하여 생사를 초월한 희생정신, **상부 모양**은 3과 북한산, **하부 모양**은 0과 행주산성, **테두리**는 국토방위와 민족수호의 방패를 의미한다.

- 팬티(빤스)브라자. 대한민국 성인(成人)이면 누구나 아는 전설의 애칭. 심지어 간첩들도 알고 있을 것이다.

애칭 이전에는 초전박살이었으나 적과 싸워 반드시 이길 수 있다는 자신감과, 평소 골육지정으로 뭉친 단결력을 바탕으로 결코 물러설 줄 모르는 돌격정신을 발휘하여 영광의 승리를 쟁취하자는 의미로 1977년 10월 1일 부대에서 제정하였다.

역사 1955년 포천에서 30사단으로 창설되어 1968년 동원사단을 거쳐 1975년 전투사단, 1991년 기계화보병사단으로 증개편되었다. 몇 차례에 걸친 대간첩작전을 수행하였으며 2020년 기갑여단으로 해편되었다.

- 1993년 한국군 최초로 미 1군단 BCTP(전투지휘훈련)에 참가하여 Super Division이라는 찬사를 받았다.

제201특공여단/제201신속대응여단 황금독수리부대

1 |

2 |

3 |

4 |

1 |

청색은 용기와 패기 및 충만한 젊음, **백색 원**은 백의민족과 인화단결, **태극**은 충성을 맹세하는 태극기, **대검**은 보병, **날개**는 황금독수리로 용맹, **2**는 2군, **201**은 201특공여단을 의미한다. 〈**마크**〉

2 |

청색 원은 평화와 우주만물의 근원이자 화합과 단결의 젊은 혈기, **적색 원**은 애국과 정열, **태극**은 충성을 맹세하는 태극기, **대검**은 보병, **날개**는 황금독수리로 용맹, **AIRBORNE**은 공수임무를 의미한다. 〈**마크**〉

3, 4 |

태극은 태극기로 국가보위, **날개**는 황금독수리로 용맹, **대검**은 백두산 상봉에 최선봉 진격, **청색**은 평화수호를 의미한다. 〈**흉장**〉

애칭 백두산 상봉에 최선봉 진격을 의미한다.

역사 1983년 안동에서 창설되어 1990년 대(對)비정규전부대형, 2021년 2신속대응사단 예하 신속대응여단으로 개편되었다.

제203특공여단/제203신속대응여단 용호부대

1 |

2 |

3 |

4 |

1 |
청색은 용기와 패기와 충만한 젊음, **백색 원**은 백의민족과 인화단결, **태극**은 충성을 맹세하는 태극기, **대검**은 보병, **날개**는 황금독수리로 용맹, **2**는 2군사령부, **203**은 부대를 의미한다. 〈**마크**〉

2 |
청색 원은 평화와 우주만물의 근원이자 화합과 단결의 젊은 혈기, **적색 원**은 애국과 정열, **태극**은 충성을 맹세하는 태극기, **대검**은 보병, **날개**는 황금독수리로 용맹, **AIRBORNE**은 공수임무를 의미한다. 〈**마크**〉

3, 4 |
청색은 용기와 패기와 충만한 젊음, **태극**은 충성을 맹세하는 태극기, **대검**은 보병, **날개**는 황금독수리로 용맹, **산**은 소백산과 속리산의 소백산맥, 광덕산과 만덕산의 차령산맥, 내장산과 운장산의 노령산맥 등 3개의 산맥, **삼각형**은 총화와 영원불멸을 의미한다. 〈**흉장**〉

애칭 어떠한 상황에서도 임무를 완수하는 최정예 특수임무부대를 나타내는 부대신조 '용호용사(勇虎勇士)'에서 유래하며 부대에서 제정하였다.

역사 1984년 창설되어 1999년 1공중강습여단을 거쳐 2005년 203특공여단으로 재편되었으며 2021년 2신속대응사단 예하 신속대응여단으로 개편되었다. 1995년 부여 대간첩작전 및 1996년 강릉 무장공비소탕작전에 참가하였으며, 1995년 앙골라, 2005년 이라크, 2013년 남수단 등에 파병되었다.

제205특공여단 백호부대

1 |

2 |

1 |
청색은 용기와 패기 및 충만한 젊음, **백색 원**은 백의민족과 인화단결, **태극**은 충성을 맹세하는 태극기, **대검**은 보병, **날개**는 황금독수리로 용맹, **2**는 2군, **205**는 205특공여단을 의미한다. 〈**마크**〉

2 |
태극은 남북통일, **번개**는 신속, **황금날개**는 용맹, **청색**은 보병과 젊음, **테두리**는 단결과 화합, **방패**는 조국수호, **대검**은 임무완수, **5**는 205특공여단을 의미한다. 〈**흉장**〉

애칭 백호와 같이 위엄있고 용맹하게 최고의 특공부대가 되자는 의미로 부대에서 제정하였다.

- 백호특공, 지리산특공대라고 불렸다.

역사 1984년 영천에서 창설되어 1985년 청사포 및 1998년 여수 대간첩작전에 참가하였다. 2004년 이라크 자이툰사단 경비대대로 파병되었으며 2008년 해체되었다.

제23경비여단 철벽부대

방패는 방패같이 완벽한 철벽방어, **23**은 23사단과 박쥐 모양으로 철통경계, **녹색**은 태백준령과 조국산하의 평화, **청색**은 해안경계와 동해 및 조국의 무궁한 발전을 의미한다.

애칭 **제68보병사단 항목 참조**(110쪽)

역사 1975년 양양 하조대에서 창설된 68훈련단을 모체로 1998년 23사단을 거쳐 2021년 경비여단으로 개편되었다.

제1공중강습여단

흑색은 야간지배와 은밀성 및 강인성, **황색 독수리날개**는 항공작전사령부와 용맹 및 투지, **대검**은 보병과 공격정신 및 강습여단, **별**은 대한민국 육군, **4개 삼각형**은 헬기의 날개와 강한 추진력, **황색 원**은 부대의 단결과 국토통일의지, **태극**은 충성심을 의미한다.

역사 1984년 창설된 203특공여단이 모체이며 1999년 항공작전사령부 예하로 창설되었으며 2005년 203특공여단으로 재편되었다.

- 한국군 최초의 헬리본(Heliborne)부대이다. 유사한 사례로는 드라마 〈밴드 오브 브라더스〉와 영화 〈햄버거 힐〉 등으로 유명한 미 101공수사단을 들 수 있다.

제1방공여단 솔개부대

방패는 수도방위사령부 예하, **1**은 1방공여단, **적색**은 방공무기의 화력, **청색 산**은 조국영토의 특성(산악지형), **백색**은 철통 같은 대공방어, **황색**은 24시간 대공감시 경보체계, **녹색**은 육군을 의미한다.

애칭 솔개의 상징이 환골탈퇴임에 착안하여 새로 비상하자는 의미로 2011년 통합 당시 부대에서 제정하였다.

역사 1986년 과천에서 3방공포병여단으로 창설되어 1991년 방공포병사령부가 공군으로 전군되자 예하 대공포대대가 육군에 남아 1방공여단으로 재편되었다. 2011년 10방공단과 통합 · 재편되었다.

- 항상 실탄을 장전한 채 서울 비행금지공역 P-73A와 B구역을 방어하고 있다. 서울의 GOP라 불리는 가장 높은 곳에서 부식추진의 번거로움과 거지 같은 일교차 및 연교차를 견뎌내며 의무를 다하고 있다.
- 식당이 없다. 따라서 PX도 없다.

대한민국 육군 교육부대

교육부대

1949년 한반도에서 철수 이후 미군은 500여 명의 군사고문단(KMAG)을 두어 국군을 지원했다. 6 · 25전쟁이 발발하자 대대급에 이르기까지 2천여 명의 고문관이 활약했다. 전쟁이 소강상태로 접어들던 1951년부터 군사고문단은 한국군 전력강화의 일환으로 교육훈련체계 개선 및 간부급 자질향상을 위한 장교들의 도미유학을 추진하였다. 더불어 미 육군의 각급 군사학교를 참고하여 사관학교 및 각 병과학교들을 (재)설립하였다.

군대에서 흔히 말귀를 잘 못 알아듣는 사람들을 고문관이라 부른다. 이 때 고문관이란 당사자 때문에 동료들이 고문받는다는 뜻이 아니고 예전 미 군사고문관들이 한국말을 잘 알아듣지 못해 어리바리했던 모습에 빗대어 생긴 말이다. 다시 말해 고문(拷問)이 아니고 고문(顧問)이다.

육군대학

적색은 고급지휘관 및 참모의 정열과 심오한 학구열, **금색**은 대학의 위엄성과 학생의 영예, **펜**은 육군 최고학부로서의 학구도장(學求道場), **방패**는 국토방위의 사명과 지휘관 및 참모의 임무와 책임, **大**는 대학, **사자**는 지휘관의 용맹성과 과감성, **독수리**는 대학의 영구한 발전과 지휘관의 진취성, **4개 별**은 4성장군으로 지휘관의 앞날을 의미한다.

• 4개의 별 덕분에 4성장군이 지휘하는 부대로 오해받기도 한다.

역사

1951년 대구 달성초등학교에서 미 지휘참모대학을 본보기로 창설되어 1957년 42주간의 정규과정을 시작으로 1980년 참모과정과 1989년 기본과정, 1990년 고급과정 및 1995년 연대장과 사단장, 선발 등의 과정을 신설하였다.

• 1960년대까지만 해도 교관들은 생계를 위해 관사 앞에서 밭을 가꾸었으며, 부인들(과 아이들)은 병아리를 키우고 산에서 땔감을 구해 사용했다. 군에서 관사가 도입된 것은 1970년을 전후해서였고 그 전에는 민가(초가집)에서 세를 살았다.
• 수능(학력고사) 보고 갈 수 있는 대학이 아니다.

육군사관학교 화랑대

1 |

2 |

3 |

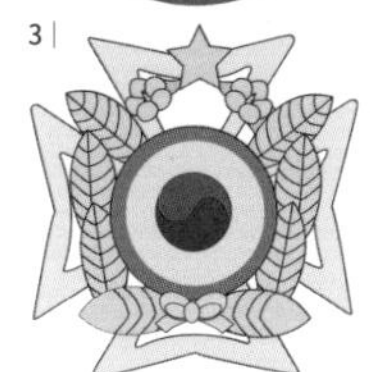

1 |

녹색 원은 육군, 백색 원은 육사인의 단결, **OTS**는 Officer Training School을 의미한다. 〈**마크**〉

2 |

녹색 원은 육군, **백색 원**은 육사인의 단결, **육사**는 힘찬 육사정신을 의미한다. 〈**마크**〉
(1947년 학교에서 제정하였다.)

3 |

태극은 세계 속의 중앙에 위치한 대한민국, **중앙의 세 원**은 삼천리 강토와 삼천만 겨레, **별**은 육군과 이를 이끌 중견간부의 육성, **월계수**는 군인이 쟁취해야 할 승리의 영광, **무궁화**는 민족의 유구한 역사와 무궁한 발전, **리본**은 영광과 승리를 쟁취함에 필수요소인 단결과 결속, **십자가**는 상무적 호국정신을 의미한다. 〈**모표**〉
(1953년 학교에서 제정하였다.)

애칭 1954년 태릉으로 복귀한 뒤 화랑의 기개와 정신을 이어받고자 1957년 3월 16일 13대 교장 백남권 소장이 생도들의 의견을 취합하여 이승만 대통령의 재가를 받아 제정하였다.

역사 1945년 개교한 군사영어학교가 모체로 남조선국방경비대가 창설되자 폐교되어 조선경비사관학교로 개교하였다. 1948년 국군창설과 함께 육군사관학교로 개칭되어 1950년 6·25전쟁이 발발하자 임시휴교 후 생도 1, 2기생들이 부평리, 광나루, 갈매리 등지에서 8회의 전투에 참가하였다. 1952년 진해에서 미 육사를 본 따 4년제로 재개교하였다. 과거 술과 담배, 이성교제를 금지하는 3금제도로 유명하였으며 1998년 여학생 입학을 허용하였다.

- 6·25전쟁 당시 육사생도들은 생도 출신 유격대 불암산호랑이를 비롯해, 전쟁발발 초기 생도 신분으로 전선에 투입되어 피를 흘리고, 이후 육군종합학교로 명맥이 이어져 전쟁기간 소대장 및 중대장으로서 수많은 희생을 치렀다. 피로 지킨 선배들의 충혼이 깃들어 있고 미래 육군의 정예간부를 육성하는 육군사관학교가 2019년 6·25전쟁사를 필수과목에서 선택관목으로 바꾸었다. 어떠한 이유이든 이 결정에 관여한 자들은 육사와 육군을 떠나 우리 국군의 뿌리를 흔들고 역사를 부정한 부끄럽고 어리석은 결정의 대가를 스스로의 양심을 통해서라도 치러야 할 것이다.
- 백선엽 장군은 1953년 미 8군사령관 맥스웰 테일러 중장이 주장한 3군 통합사관학교의 창설이 무산된 것에 끝내 아쉬움을 표했다. 1·2학년은 공통, 3·4학년은 전문교육체계로, 합동작전과 사관학교운영의 효율성을 꾀한 것이었다. 테일러 장군은 2차 세계대전 당시 101공수사단장 이후 육군사관학교장·참모총장·합참의장 등을 역임하며 냉전 당시 핵심요직에서 근무하였다.
- 1956년 개관한 국내 최고(最古)의 군사박물관인 육군박물관은 김중업 건축가가 안중근 장군의 '위국헌신 군인본분'의 정신인 충(忠)을 형상화하여 설계하였다. 이 밖에 김종성이 설계하여 1982년 개관한 도서관과, 김수근이 설계하고 교훈 지(智)·인(仁)·용(勇)을 부착하여 1986년 건립된 64(육사)m 높이의 기념탑 등 대한민국 3대 건축명장의 작품이 한자리에 모인 유일한 곳이다.
- 수험생이 지원할 수 있는 In 서울 학교이다.
- 박정희, 전두환, 노태우 등 동문 중에 3명의 역대 대통령이 있다.

육군3사관학교 충성대

1 |

원은 조국방위, **청색 바탕**은 평화, **백색 원형**은 단결, **3**은 3사관학교, **황색**은 영원불멸, **사관**은 국제적 신사로서 사관을 의미한다. 〈**마크**〉

2 |

원은 조국방위, **청색 바탕**은 평화, **백색 원형**은 단결, **3**은 3사관학교, **청색 바탕**은 평화와 희망 및 드높은 이상, **3각 3지**는 3사관학교, **백색**은 옳은 것을 지향하는 청백한 품성, **V**는 Victory, **각**은 날카로움, **전체 모양**은 국가를 보위하는 방패로서 육군의 초석, **육군 표지**는 육군, **별**은 군인 최고의 명예와 권위를 상징한다. 〈**모표**〉

애칭 경북 영천이 신라 화랑(花郞)의 발상지임을 감안하여, 1970년 1월 23일 1기생 졸업 및 임관식 당시 박정희 대통령이 내린 '화랑의 충성심을 이어받으라'는 취지의 친필휘호를 바탕으로 부대에서 제정하였다.

역사 1968년 1 · 21사태 및 푸에블로호 납치사건 등 북한의 무력도발에 2사관학교와 함께 창설되어 부관 · 헌병 · 경리 · 정보학교가 있던 영천지역에서 개교하였다. 1~6기 생도들은 44~62주 교육 후 임관하였고, 1972년 2사관학교를 흡수 · 개편하면서 교육기간을 2년으로 연장하였다. 1981년 이후 전문대학 이상 학력자를 선발 · 교육하고, 학사장교와 여군사관, 특수사관 등을 양성하고 있으며 2015년 여학생 입학을 허용하였다.

- 2사관학교는 전남 광주에서 창설되었다.
- 분명히 말하지만 '3군사관학교'가 아니다.

학생군사학교 문무대

방패는 조국수호, **백색 테두리**는 백의민족으로서 평화애호정신, **청색**은 청년 대학생, **별**은 육군과 학군단 지휘통제, **칼과 펜**은 진리탐구와 유사시 국가수호를 담당하는 호국학생으로서의 문무겸비를 의미한다.

애칭 1976년 학생병영훈련소 창설 당시 문(文)과 무(武)를 겸비한 학군무관 후보생 양성 및 일반대학생 군사훈련장소라는 의미로 박정희 대통령이 하사하여 제정하였다.

역사 1961년 학도군사훈련단(학훈단)으로 창설되어 1971년 학생군사교육단으로 개칭되었다. 1976년 서울지역 일반대학생 병영집체훈련시설로 종합행정학교 내에 학생병영훈련소가 창설되었다. 1985년 사실상 모체인 학생군사학교가 창설되어 1992년 전국 학군단교육 지휘통제권을 통합하였다. 2012년 육군학생군사학교로 변경되었다.

- 흔히 학생군사교육단(ROTC)을 알티(RT)라 줄여 부르는 경우가 있는데, ROTC 입장에서는 이를 부정적으로 인식하는 경향이 있어, 꼭 학군단 혹은 ROTC로 부르는 것이 좋다.

육군부사관학교 충용대

1 |

2 |

1 |

테두리는 방패와 부사관 계급장 모양, **적색**은 정열과 열정, **청색 삼각형**은 교육열과 충성심, **삼각형 A**는 Army, **횃불**은 꺼지지 않는 전투력을 의미한다.

2 |

육군부사관학교는 학교명칭, **별과 외곽**은 방패와 부사관 계급장으로 최고의 부사관 전문교육기관, **내부 삼각형**은 장교와 병사의 연결자로 상호균형 유지를 통한 전투력 발휘, **A**는 ARMY, **횃불**은 조국의 통일과 평화 및 횃불처럼 전투의 선봉역할과 필승의지, **적색**은 정열과 열정, **청색**은 보병전투병과를 의미한다.

애칭 위국헌신의 충성(忠誠)과 진정한 용기(勇氣)는 군인이 갖추어야 할 최고의 정신덕목이다. 필생즉사 필사즉생의 충무공과 육탄10용사의 정신이므로 모든 부사관은 충용의 군인관을 우선 확립해야 한다는 의미로 제정하였다.

역사 1951년 최초 부산에서 창설되어 해체와 재창설을 반복하였으며, 1·2·3군 3개 하사관학교가 1981년 익산에서 육군하사관학교로 통합되어 2001년 육군부사관학교로 개칭되었다. 6,000여 명의 교육과 3,500여 명의 수용이 동시에 가능한 매년 1만여 명의 신입·보수교육생을 배출해내는 부사관들의 요람이자 성지이다.

- 1950년 1월 보병학교에서 고등학교 졸업 기준으로 간부 후보생을 선발하여 갑종(甲種)과 을종(乙種)으로 나뉘어 교육시켰고, 갑종장교는 소위, 을종하사관은 일등중사(하사)로 임관 및 임용되었는데, 이 제도는 1968년 3사관학교 설립 후 1969년 폐지되었다.

육군훈련소 연무대

1|

2|

1|

펜은 배움과 앎(교육), **칼**은 평화와 자유를 수호할 정의의 칼, **2개의 별**은 육군훈련소, **백색**은 백의민족, **청색**은 민족과 군을 의미한다.

2|

방패는 조국 대한민국을 수호하는 정예신병의 양성, **펜**은 교육훈련을 통한 기초군사지식 습득, **칼**은 자유와 평화를 수호하는 정의의 칼, **3개의 별**은 자유민주주의체제로 조국을 통일한다는 염원과 임전무퇴 필승의 신념인 충성, 인격존중과 기본권보장으로 교육 및 훈육한다는 사랑, **백색**은 백의민족, **청색**은 자유민주주의의 평화를 의미한다.

애칭

옛 황산벌의 계백 장군과 화랑혼을 계승하여 무술을 연마하고 정예강병을 육성한다는 의미로 창설 당시 이승만 대통령으로부터 친필휘호를 받아 제정하였다.

역사

1951년 논산 연무에서 제2훈련소로 창설되어 1952년부터 23연대를 시작으로 신병훈련을 실시하였다. 이후 논산으로 이전하여 1999년 육군훈련소로 개칭되었으며 1952년 12주, 1954년 16주, 1956년 12주, 1960년 10주, 1977년 학력별 10주 및 8주, 1980년 4주, 1987년 6주, 1993년 4주, 1996년 6주, 2004년 5주 등 교육기간이 변경되었다. 2023년 현재 1천만 명에 가까운 용사들을 배출하였다.

• 6·25전쟁이 발발하자 1950년 8월 14일 대구에 1훈련소를 창설하여 1951년 1월 21일 제주 모슬포로 이동하였다. 전쟁 중 이곳을 중심으로 부산, 거제, 밀양, 진해 등에 1-7훈련소(4 제외) 및 국민방위군훈련소까지 총 7개 훈련소가 설치·운영되었다.

여군학교

삼각형은 군의 선봉, **별**은 육군, **女 모양**은 여성의 숭고한 정신과 단결, **청색**은 평화, **은색 삼각형**은 여성의 순수성을 의미한다.

역사 1950년 부산에서 창설된 여자의용군교육대를 모체로 1951년 육군본부에 여군과가 설치되었고, 1953년 보병학교의 여군교육대가 1955년 여군훈련소로 확충되었다. 1970년 여군단 창설로 여군병과로 독립 후 1990년 해체되며 7개 병과로 전환하였다. 1974년 여군병제도가 폐지되고, 1990년 여군학교로 승격, 개편된 후 2002년 10월 31일 해체되었다.

- 여성 최초의 군인은 1948년 8월 26일 소위로 임관한 31명의 간호장교들이며, 장군이 배출되기 전 대령이 최고 계급이었던 시절, 최초의 여군대령은 6·25전쟁 당시 여자의용군을 창설하였던 김현숙 대령으로 1953년 3월 진급하였다.
- 1997년 육·해·공군사관학교를 시작으로 2011년 학군사관후보생이 도입되었고, 2014년 3군 전 병과에서 제한이 폐지되었다.

공병학교 상무대

테두리는 삽과 승리의 방패 및 군의 심장, **상부의 연결고리**는 단결, **고리의 백색**은 피, **고리의 적색**은 살, **중앙 독립문**은 공병병과와 축성 및 건설을 의미한다.

애칭 1952년 1월 6일 이승만 대통령이 '무용(武勇)을 숭상(崇尙)하는 배움의 터전'이라 명명하여 이를 바탕으로 부대에서 제정하였다.

- 상무대는 1952년 1월 보병학교와 포병훈련소, 통신훈련소 등을 통합하여 설립한 육군훈련소로 출발하였으며, 초급간부를 양성하는 아시아 최대 규모의 군사교육시설로 보병 · 포병 · 공병 · 기갑 · 화학 등 5개 전투병과학교가 있다.

역사 1948년 김포에서 창설되었다. 전투공병으로 활약하는 미군편제를 참조하여 야전 · 건설 · 기술공병 교육체계로 배출하고 있다.

- '시작과 끝은 우리가! First In Last Out!'

기계화학교 상무대

삼각형은 화살촉으로 공격부대의 최첨단 및 적진을 과감히 돌격하는 공세적인 기갑부대, **백색 테두리**는 기갑이 공격부대의 핵심임을 의미, **청색**은 신속한 기동력과 보병부대, **적색**은 막강한 화력과 포병부대, **황색**은 충격효과와 기갑부대, **전차**는 병과의 상징, **펜촉**은 학교를 의미한다.

애칭 **공병학교 항목 참조(159쪽)**

역사 1950년 미군에서 M36 전차를 인수하여 부산 종합학교 내 전차과가 신설되었으며 1952년 전차교육대, 1953년 기갑학교가 창설되었다. 1995년 기계화부대 증편과 연계 · 협조된 기동전수행능력 배양을 위해 기계화학교로 개편되었다.

- 6·25전쟁 중인 1952년 전국 중학생(당시 중학교는 6년제였다) 중 120명을 선발하여 2훈련소와 보병학교 전차교육대를 거쳐 10월 25일 소년전차병 1기생을 배출하였는데, 평균연령이 18세를 채 넘지 않았다.
- 전차운전수라 부르면 큰일 치른다. 반드시 조종수라 불러야 한다.
- 기갑군가 '충성전투가'를 듣고 싶다면 영화 〈발지대전투〉에서 웅장한 뮤직드라마를 감상할 수 있다. 군가 '겨레여 영원하여라'의 원곡 역시 앞곡과 고향이 같다. 아우프 비더젠!
- '내 생명 전차와 함께' 이만큼 비장한 표어가 어디 있을까!

방공학교 웅비대

별은 주야간 전투발전연구, **청색 원**은 전방위 대공방어, **백색 원**은 방공병과원의 인화단결, **청색**은 책임구역인 하늘, **적색**은 초탄필추의 방공화력, **녹색**은 노력하는 방공학교를 의미한다.

애칭 2000년 11월 9일 부대에서 제정하였다.

역사 1954년 창설된 505자동화기고사포대대를 모체로 하며 1971년 포병학교 예하 방공교육단을 거쳐 1977년 경산에서 방공포병학교로 창설되었다. 1991년 방공교육이 공군으로 전군되었으나 2001년 육군방공학교로 증개편되었으며 2002년 방공병과가 창설되었다.

보병학교 상무대

나를 따르라는 솔선수범과 진두지휘, **펜촉**은 교육기관인 학교, **대검**은 국토방위의 간성(干城)과 용감성(武), **적색**은 정의와 정열 및 통일의지, **청색**은 진리탐구, **황색**은 평화와 사랑 및 단결을 의미한다.

애칭 **공병학교 항목 참조(159쪽)**

역사 1949년 시흥에서 창설되어 1950년 갑종간부 1기생이 입교하였다. 6·25전쟁 당시 교도대가 서울 창동-쌍문동간 저지전투에 참가하였다. 그간 단기사관후보생, 특수간부후보생, 학군단 교관요원 등을 교육시켰다. 육군장교의 고향과 같은 곳으로 기본이자 대표적인 병과학교이며 여타학교에 비해 가장 규모가 크다.

- 1950년 1월, 6개월 과정의 갑종장교 1기생이 입교하여 1969년 230기 임관을 끝으로 45,424명의 신임장교가 배출되었다. 이들은 소모품소위, 하루살이소위로 불린 6·25전쟁(전체장교 중 32%)과, 베트남전(66%) 및 대간첩작전 최일선에서 활약하며 5천여 명의 무공수훈자를 배출하였다.
- 갑종22기의 경우 1922년생부터 1933년생으로(11년 차이) 구성되어 있으며, 132명이 임관하여 전사 20명, 순직 2명 등 22명이 생명을 바쳤다. 우연찮게도 모든 숫자가 22(22년생·132명·22명)와 관련이 깊고, 임관(1952년 7월) 당시 마지막 사단인 11(33년생, 11년 차이)과 모두 연관되어 있다.
- 6·25전쟁 당시 적의 포탄이 '소위, 소위' 하면서 날아왔다고 할 정도로 신병들보다 신참 소대장(소위)들의 희생이 컸다. 육군은 2~4주 간격으로 10~24주의 교육기간을 두고 250명 내외의 장교를 배출했으나 이마저 부족했다. 병과 하사관 중에서 임

관시키기도 했으나 차출을 꺼리는 이들이 적지 않았다. 생존을 위한 본능이었으리라…

- 1968년 1·21사태 이후 2사관학교가 보병학교 자리에서 일부 전력을 근간으로 창설되어 1972년 6기생을 끝으로 보병학교 및 3사관학교로 통합·해체되었는데, 이 기간 중 보병학교장이 사관학교장을 겸하였다.

정보학교

1 |

1 |

박쥐는 사람의 귀보다 1천 배나 정밀하게 들을 수 있고 야간에만 활동하므로 음지의 전사로 헌신한다는 정보의 신조, **펜촉과 횃불**은 전문지식을 탐구하고 병과의 발전을 위해 지속적으로 노력한다는 의지를 의미한다.

2 |

2 |

방패는 조국수호 의지, **적색 타원**은 인공위성의 주 · 야간 정보수집, **독수리**는 천리안을 지닌 수집능력, **청색 횃불**은 영원한 발전과 타오르는 학구열, **적색**은 전쟁억제의 힘인 정보능력, **청색**은 안정되고 항구적인 평화, **황색**은 정보를 의미한다.

역사

1949년 수색에서 창설되어 임시폐교되었다가 1983년 정보병과 개설과 함께 재창설되었다. 통역과 전투 · 특수정보, 인간 · 신호 · 영상정보, 땅굴탐지, 전자전, 무인항공기운용 등에 관한 첩보 및 정보요원과, 특공 · 수색대원과 전방 및 해안의 감시장비운용병 등을 양성하고 있다.

- 6·25전쟁 중 7훈련소에서 백골병단을 비롯한 정보요원들을 배출하였다.

정보통신학교 자운대

청색 원은 전 우주의 전파, **주황색**은 통신병과, **내부 주황색 모양은** 대한민국 지형, **ㅌㅗㅇㅎㅏㄹㅏ(통하라)**는 통신필통(通信必通)의 목표달성, **별**은 단결된 부대와 향학심을 의미한다.

애칭 충남 대덕 자운동 일대로 부대 이전 당시 지역명칭에서 따와 부대에서 제정하였다.

역사 1947년 진해에서 통신학교로 창설되었으며 2005년 통신병과와 전산특기가 통합되어 정보통신학교로 개편되었다. 단일 병과학교 중 가장 많은 교육과정을 편성하고 있다.

- 유선통신선(야전선)인 삐삐선(PP선)을 말아놓은, 군장보다 무겁다는 공포의 방차통. 삐삐선으로 광주리나 가방, 복조리를 만들기도 했다.

종합군수학교

1 | 

2 | 

1 |
외부 삼각형은 창조와 창의, **내부 삼각형**은 전진, **펜촉**은 탐구, **책**은 전문지식 함양, **8제 톱니**는 군수 8대 기능 통합체계, **백색 원**은 화합과 단합 및 통합, **녹색**은 군수교육의 요람을 의미한다.

2 |
방패는 국가방위와 보위, **녹색**은 풍요와 안정을 향한 성장으로 적오산의 정기를 이어받은 교육의 터전, **내부 방패선**은 화합과 단결 및 통합으로 군수관리와 보급, 정비 및 수송, **펜촉과 펜**은 군수교육의 요람으로 전진과 진취적인 기상, 교육 및 탐구, **내부 문자**는 학교 교훈의 형상화로 창의 · 기술 · 지원이며, 사람이 서 있는 형상으로 인재양성을 의미한다.

역사 1948년과 1949년 창설된 병기 및 병참학교가 통합되어 1983년 기술병과학교로 개편되었으며 1953년 창설된 수송학교가 1984년 통합되었다. 한편 1956년 경기 광주에서 창설된 군수학교가 모체인 군수관리학교와 기술병과학교를 1996년 종합군수학교로 통합하여 1998년 군수관리 · 보급 · 정비 · 수송 4개 학부체제를 갖추었다. 2003년부터 학 · 군제휴협약을 통해 특수탄약과와 총포광학과 등 4개 학과를 운영하고 있다.

- 통상적으로 종군교라 통한다.
- '가지 못할 곳이 없다'. 수송교육단의 표어다.

종합행정학교 남성대

육각형은 조국수호와 방패, **백색 선**은 교육과정의 통합과 국가의 간성, **적색과 청색**은 태극과 한민족의 정통성, **별**은 육군, **횃불**은 배움의 앞길을 밝힘과 승리의 쟁취를 의미한다.

애칭 1969년 11월 11일 준공식 당시 박정희 대통령이 학교 동측에 위치한 남한산성(南漢山城)의 첫 글자와 마지막 글자를 따와 병자호란을 교훈 삼아 항재전장(恒在戰場)의식을 갖춘 장병을 육성하라는 의미로 제정하였다.

• 남성대보다 종행교라는 명칭으로 더 유명하다.

역사 1958년 영천에서 헌병 · 부관 · 정보 · 경리학교가 각각 창설되었고 1968년 용산 삼각지에서 군수 · 정훈 · 어학부서 창설 후 두 지역을 통합하였다. 2019년 이후 인사, 군사경찰, 재정, 법무, 군종 등 5개 병과에 전술을 포함한 6개 교육단을 보유하고 있다.

포병학교 상무대

외곽선은 단결, **적색**은 국가에 대한 충성심과 포병화력, **청색**은 평화와 건설, **내부 화포**는 화포의 원형으로 포병, **알아야 한다**는 학교 교훈을 의미한다.

애칭 **공병학교 항목 참조(159쪽)**

역사 1949년 서울 후암동에서 포병연대를 근간으로 창설되었다. 6·25전쟁이 발발하자 1포병단 창설과 함께 임시폐교되었다. 1951년 진해에서 포병학교로 재창설되어 1951년 1차 미 유학단을 파견하였으며 보·전·포협동훈련을 실시하였다. 1991년 방공포병이 공군으로 전군(轉軍)되었다.

- 6·25전쟁이 발발하자 포병학교는 최소한 인원만을 남기고 20여 명의 교관들은 관측장교, 교육생들은 탄약수송임무를 위해 전방으로 이동시켰다. 1950년 6월 26일 교도2대대장 김풍익 소령은 의정부지구 축석령 전투에서 105mm 야포로 적 T-34 전차를 파괴하였고, 곧이어 2탄을 발사하려는 순간 적 전차포에 의해 부대원들과 전사하였다. 이후 중령으로 추서되고 을지무공훈장이 수여되었으며, 포병의 군신(軍神)으로 불린다.
- 6·25전쟁 당시 무공훈장은 1-4등 무공훈장이 있었으며, 각각 명칭이 태극· 을지·충무·화랑으로 바뀌었다. 1963년 인헌무공훈장이 추가되어 현재 총 5등급으로 구성되어 있다.

항공학교 창공대

독수리는 창공을 나는 항공인의 씩씩한 모습, **별**은 영원불멸, **방패**는 조국수호, **백색**은 백의민족, **청색**은 창공, **두루마리**는 학교를 의미한다.

애칭 조국의 창공을 수호하게 될 항공인을 양성하는 병과의 요람을 의미하며 1995년 11월 13일 부대 이전 당시 제정하였다.

역사 1952년 광주 포병학교 내 항공학과를 모체로 1954년 항공교육대를 거쳐 1957년 창설되었다. 1976년 회전익 기본조종과정을 신설하였으며 조종사 · 정비사 · 관제사를 교육하고 있다. 2001년부터 항공병과장 업무를 수행하고 있다.

- 공군조종사의 마후라(머플러)는 빨간색, 해군조종사의 경우 파란색이지만 육군(헬리콥터)조종사는 주황색이다.
- 비행기의 전방을 향한 날개는 프로펠러(Propel+ler), 헬기의 하늘을 향한 날개는 로터(Rotor)라 한다.

화생방학교 상무대

별은 육군, **적색 바탕**은 화생방 오염 지역, **백색 테두리**는 보호와 제독, **증류기**는 화학병과, **펜촉**은 학교를 의미한다.

애칭 **공병학교 항목 참조(159쪽)**

역사 1953년 서울에서 화학교육대로 창설되어 1958년 화학학교로 승격되었으며 2012년 화생방학교로 개편되었다.

- 멀쩡히 잘 쓰고 있는 방독면 벗겨놓고 버라이어티한 추억을 선사하는 화생방훈련은, 이것만 없다면 군생활 한 번쯤 더 할 수 있겠다고 할 정도로 장병들에게 유격훈련 PT-8번 온몸 비틀기와 함께 생지옥을 경험시켜준다. 이와 비슷한 긴장감을 주는 곳으로는 믿거나 말거나 공식적으로 구타가 허용된다고 알려진 PRI(피 터지고 알 베기고 이가 갈리는)의 고향 사격장과 11m짜리 번지점프 막타워교장이 있다.
- 후반기 교육의 천국, 화라다이스.

과학화전투훈련단 KCTC

칼은 공격과 국토통일, **방패**는 방어와 조국수호, **원**은 화합과 단결, **국방색**은 육군과 야전성, **흑색**은 제병과(諸兵科) 통합, **전체 모양**은 CTC를 의미한다.

역사 1981년 대부대기동훈련장 설치구상을 근간으로 1998년 KCTC(Korea Combat Training Center)사업단이 창설되었다. 2001년 중대전투훈련통제단과 2002년 과학화전투훈련단, 2003년 전문대항군대대(전갈부대)가 창설되었다. 2005년 대대급훈련을 시작으로 2015년 연대급, 2018년 여단급으로 증편되었다.

- 육군은 2023년 15곳의 사단·군단급 과학화훈련장 구축을 목표로 하고 있다.
- 다중통합레이저교전체계(Multiple Integrated Laser Engagement System)라 불리는 마일즈(MILES) 장비를 활용한다.
- 월드컵은 이기러 가지만 이곳은 경험하러 가는 곳이다.

특수전학교

〈마크〉 특수전사령부 항목 참조(34쪽)

1 |

1 |

태극은 절대충성, **낙하산**은 공중침투, **독수리**는 용맹스러운 하늘의 제왕을 의미한다. **청색**은 하늘(창공), **적색**은 정열과 국가를 위한 희생으로 추정된다.

(1996-99년간 사용되었다.)

2 |

2 |

낙하산은 공중침투, **독수리**는 용맹스러운 하늘의 제왕, **지구**는 검은 베레의 활동무대, **칼과 도끼**는 최후의 무기, **용**은 바다와 해상침투, **태극**은 절대충성, **불꽃**은 생명력과 정열, **황색**은 무한한 인내력을 의미한다. 〈**흉장**〉

역사

1961년 김포에서 공수교육대로 창설되어 1981년 특전교육단으로 증개편되었다. 1996년 특수전학교와 1999년 특수전교육단을 거쳐 2016년 특수전학교로 재개칭되었다. 매일 강하훈련이 끊이지 않는 공수 및 특수전교육의 요람이다.

- 그 옛날 공수교육장의 지상교장에서는 "앞꿈치! 무릎!", 막타워에서는 "일만이만삼만사만 산개검사 기능고장 하나둘 하나둘셋 산개검사 착륙준비!"의 악소리가 하루종일 들려왔던 곳이다.
- 인근 모 대학 졸업생들의 증언에 의하면 정말 아주 가끔씩 교정으로 정체 모를 군인(들)이 낙하산으로 떨어져 내리곤 했단다.

- 운 좋으면 하늘에서 백장미(예비낙하산)를 볼 수 있다. 그리고 낙정대는 골치가 아파 온다.

부록

부록 1

대한민국 육군 계급장

단단한 지층으로부터 우주의 별까지…

장교 계급장

광복 직후 1946년 1월 국방경비대 장교 임관을 앞두고 국방사령부 산하 경비국 경찰 계급장을 소위(1개)부터 소령(4개)까지 임시로 사용하였다.

1946년 4월 5일 미군 준위 계급장을 모방하여 직사각형 황동판 바탕 위에 위관급은 직사각형 은색 표지를, 영관급은 태극 표지를 각각 1~3개씩 부착하였으며, 장성급 역시 5각별로 결정하였다. 12월 1일 구한말 계급명칭인 참·부·정 체계를 소·중·대로 변경하여 현재 위관 및 영관급 명칭체계를 확립하였다.

6·25전쟁 후인 1954년 5월 15일 공모를 통해 위관 및 영관급 계급장을 현재와 같이 변경하였다. 위관급은 초급간부의 굳건한 국가수호의지를 단단하면서 깨어지지 않는 금강석으로, 영관급은 금강석에 9개 대나무잎을 더해 4계절 푸른 기상과 굳건한 절개를, 장관급은 스스로 빛을 내는 천체로서 군에서의 모든 경륜을 익힌 완숙한 존재임을 나타냈다.

1975년 10월 1일 장관급의 별이 외국군과 차별성이 없어 한국군의 고유성을 나타내기 위해 6개의 잎이 달린 무궁화 표지를 부착하였고, 1980년 1월 9일 위관 및 영관급 계급장에도 적용하였다.

이로서 장교 계급장은 위관급인 지하의 금속으로부터 영관급인 지상의 식물을 거쳐 장관급인 우주의 별로 승화하는 삼라만상을 표현하게 되었다.

1946~54

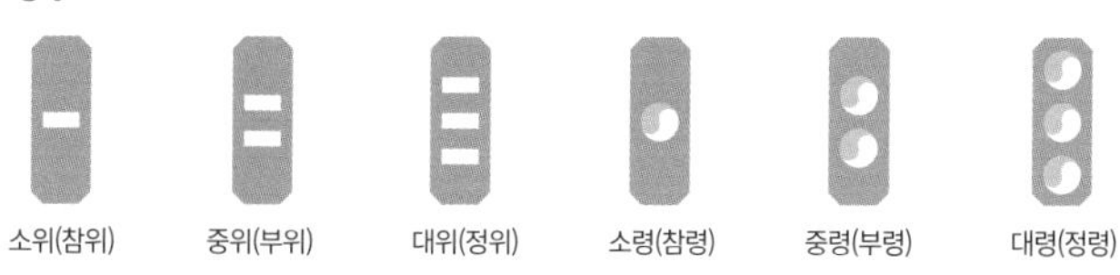

황동판 계급장의 경우 소위는 속칭 밥풀때기, 중위는 게다짝(나막신의 일본식 표현), 대위는 사닥다리(사다리)라 불렀다.

1954~80

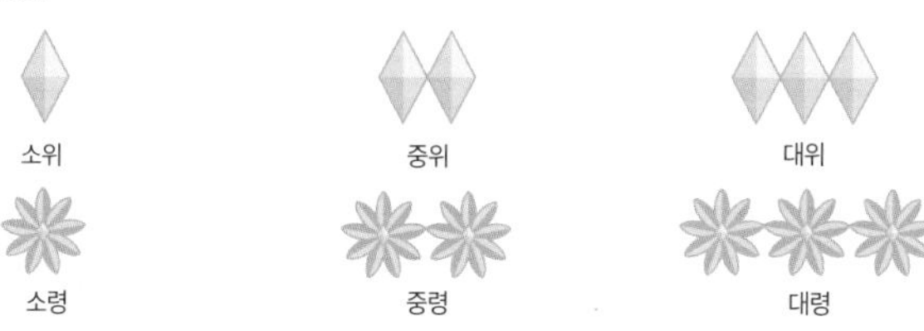

1980~현재

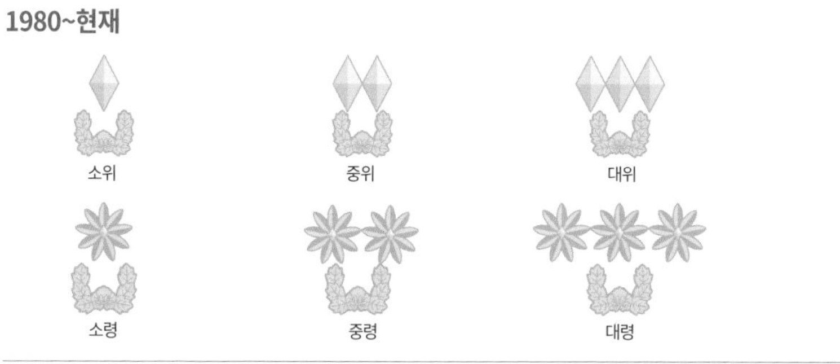

1946~75

1975~현재

준사관 계급장

장교에 준하는 준사관인 준위의 경우 1946년 4월 5일 미군 계급장을 모방하여 만든 직사각형 황동판으로만 표현하였으나, 1954년 5월 15일 계급장 개정시 소위 계급장에 황색을 입혀 제정하였다. 참고로 형태가 같은 미군의 소위·중위 및 소령·중령 계급장의 경우 소위와 소령을 황색으로 표현하였다.

1946~54 1954~80 1980~현재

병/부사관 계급장

광복 직후 국방경비대 창설 당시 계급체계는 병은 이등병사·일등병사의 2등급, 부사관(하사관)은 참교·부교·특무부교·정교·특무정교·대특무정교의 6등급체계였다.

1946년 4월 5일 미 군정청의 도움을 받아 계급장이 없는 이등병을 제외하고 미군 부사관의 ∧(Chevron)을 뒤집어 적색의 ∨자 형태로 하고, ∨자가 3개가 쌓이면 ㅡ자 개수를 조정하는 체계로 제정하였으며, 12월 1일 호칭을 병은 이등병과 일등병으로, 부사관은 하사·이등중사·일등중사·이등상사·일등상사·특무상사로 명칭을 변경하였다.

1962년 병은 상위등급인 상등병과 우두머리인 병장을 추가하여 4등급으로, 부사관은 하사·중사·상사 3등급으로 조정하며 병은 비스듬한 ㅡ자, 병장부터 상사까지는 ∨자를 사용하였다.

1971년 병은 병장까지 바른 ㅡ자, 부사관은 병장 계급장 위에 ∨자를 올린 형태로 변경되었으며, 주임상사만이 별을 부착하였다. 1989년 상사를 이등상사와 일등상사로 나뉘어 일등상사는 상단에 초생달 모양의 관을 올렸다. 1993년 이등 및 일등상사를 상사, 원사로 개칭하였다.

1996년 부사관 계급장 크기가 크고 간부로서 위상제고를 위해 하단부의 병장 계급장을 제거하고 장교와 유사한 형태의 무궁화 표지를 부착하였다. 다만 장교와 달리 잎이 4개였으나 2017년 모두 6개로 통일하였다.

전체적으로 병은 지구의 4개 층으로 군의 기반을 의미하며, 계급이 오를수록 전투능력과 임무수행에 있어 숙달됨을 표현하였다. 이어 부사관은 굳건한 기초 위에 자라나는 나뭇가지로 형상화하여 전문기술과 숙련된 전투능력의 축적을 의미한다.

1946~62

이등병 (계급장 없음) 일등병 하사 이등중사 일등중사 이등상사 일등상사 특무상사

1962(사병) · 1967(부사관)~71

이등병 일등병 상등병 병장 하사 중사 상사

1971~96(사병) · 1989(부사관)

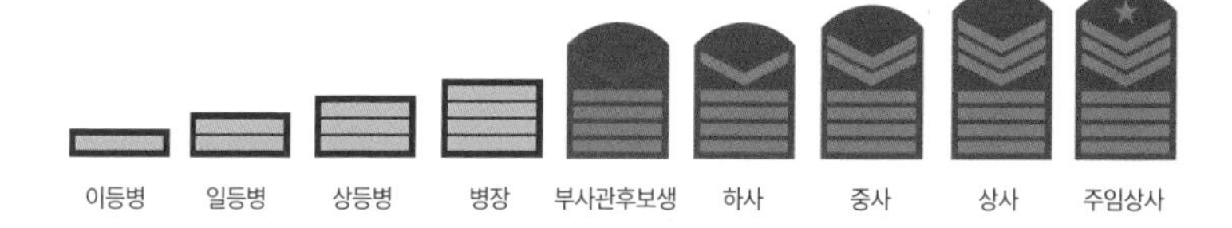

이등병 일등병 상등병 병장 부사관후보생 하사 중사 상사 주임상사

* 하사관이라는 명칭을 사용할 당시 하사관 후보생의 경우 하후생이라 줄여 불렀다.

1989~96(부사관)

부사관후보생 하사 중사 이등상사 일등상사 주임상사

1996~현재

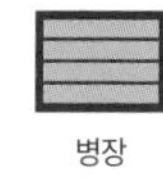

이등병 일등병 상등병 병장 하사 중사 상사 원사

부록 2

대한민국 육군 병과마크

전공도 아니고, 주특기도 아닌, 군 · 사 · 특 · 기

정의

군대에서 각 군인이 수행하는 주요 임무를 분류한 것으로, 군사특기(Military Occupational Specialty, MOS)라고도 한다.

구분

전투병과

전투병과 : 보병, 기갑, 포병, 방공, 정보, 공병, 정보통신, 항공

전투지원병과

기술병과 : 화생방, 병기, 병참, 수송

전투근무지원병과

행정병과 : 인사, 군사경찰, 재정, 공보정훈

특수병과 : 의무(군의, 치의, 수의, 의정, 간호, 법무), 군종(개신교, 천주교, 불교, 원불교)

마크

보병

고대무사의 방패와 검은 보병의 기본무기로 전투병과임을 의미한다.

기갑

보병휘장은 전투병, **말발굽**은 기갑의 시초인 기병으로, 대륙을 호령한 고구려 철갑기병의 전통계승을 의미한다.

포병

2개의 포신과 화살 장군전(將軍箭)은 포병을 의미한다.

방공

방패와 레이더는 철통 같은 대공방어, **유도탄과 대공포탄**은 공중에 화력집중, **중앙원**은 화력집중을 통한 영공방어를 의미한다.

정보

횃불은 봉화를 이용한 조기경보와 경보전파, **원**은 지구와 우주상의 지형과 기상, **4방위**는 사방으로의 방향탐지와 정보전파, **관측경**은 관측을 통한 정보수집의 발전단계를 의미한다.

공병

고대 성곽과 검은 전투공병을 의미한다.

정보통신(통신)

봉화와 비둘기 날개는 고대 통신수단, **마이크로웨이브 통신탑**은 현대 통신수단을 의미한다.

항공

날개는 항공, **방패 · 칼 · 화살**은 화력지원을 의미한다.

화생방(화학)

3개의 점(전자)은 화학 · 생물 · 핵/방사능, **타원(전자궤도)**은 역동성과 미래지향성, **육각형(벤젠)**은 화합과 단결 및 완벽한 화생방작전 수행을 의미한다.

군수

검은 전투병과, **화살**은 병기, **열쇠**는 병참, **차륜**은 수송병과, **팔각형**은 군수 8대 기능, **중앙 글씨**는 군수를 의미한다.

병기

화염은 과학과 평상시 안정지원, **화통**은 창조와 폭발적인 적극지원, **활과 화살**은 지상전투의 전승지원을 의미한다.

병참

열쇠는 보급통제기능, **벼이삭**은 급식류, **깔때기**는 유류, **저울**은 정량보급을 의미한다.

수송

차륜은 육로수송, **날개**는 고정익과 회전익에 의한 항공수송, **수로**는 연안 및 내륙수로 수송과 항만운용, **레일**은 철도수송을 의미한다.

인사(부관/인사행정)

사람 모양은 전투력의 핵심인 사람을 섬기자, **검**은 전투준비, **펜**은 인사행정의 전문성을 의미한다.

군사경찰(헌병)

별은 육군, **검**은 전투기능, **권총 2자루**는 전투지원기능, **별 중앙의 돋보기와 DNA**는 과학수사를 의미한다.

재정(경리)

고대화폐인 도전(刀錢)은 국고금, **육각형**은 주판알, **외곽 3줄**은 예산 · 회계 · 감사 기능을 의미한다.

공보정훈(정훈)

검은 정의와 필승의 신념, **봉화**는 선봉과 광명 및 민주이념, **붓**은 교육과 홍보, **종**은 자유와 민주 및 평화를 의미한다.

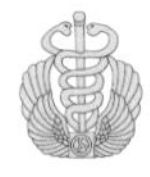

의정 : 군의, 수의, 치의, 간호

고대 희랍인의 사자 **헤르메스의 지팡이**는 의무, 날개 중앙 사각형 내의 **ㅇ과 ㅈ**은 의정, **ㅅ**은 수의, **ㅊ**은 치의, **ㄱ**은 간호를 의미한다.

법무

법전과 저울은 공명정대한 판결, **망치**는 법정을 의미한다.

군종

촛불은 4개 모든 종교가 공통으로 사용하는 것으로 세상을 밝히고 마음을 맑게 함을 의미한다.

개신교

십자가는 그리스도의 정신으로 경신과 박애 및 봉사, **십자가의 수직선**은 하나님과 인간의 관계, **수평선**은 인간과 인간의 관계를 의미한다.

천주교

십자가는 인류의 부활, **종려가지**는 순교정신을 의미한다.

불교

3개의 원은 삼보(三寶), **외부 8개 도형**은 팔정도(八正道)를 의미한다.

원불교

원은 원불교 수행의 표본인 법신불일원상(法身佛一圓相), **청색 비둘기**는 세계평화와 남북통일을 향한 희망의 날갯짓, **월계수잎**은 원불교의 참된 신앙을 통해 몸과 마음을 새롭게 살리는 것을 의미한다.

감찰

마패는 지휘명령에 의한 감찰권, **검**은 정의, **붓**은 지휘관 보좌를 의미한다.

군악

나팔은 고대악기, **승전고**는 승리를 의미한다.

부록 3

닮은꼴 한·미군[韓·美軍] 육군 부대마크

우리 국군이 사실상 미군체계를 근간으로 창설되고 유지·발전되다 보니 부대마크 역시 의도하든 아니든 비슷하거나 닮은 꼴이 여럿 보인다. 그 중 몇몇 사례들을 소개해본다.

전통적으로 미 육군은 사령부와 군단, 사단 등 단위별로 부대마크를 깃발 중앙에 두고 상하로 두 개의 구분색상을 규정하고 있다. 군사령부(Army)는 백색과 적색, 군단(Corps)은 청색과 백색, 그리고 사단(Division) 중 보병은 적색과 청색, 기병 · 기갑은 적색과 황색 등이다. 이에 맞춰 적지 않은 수의 부대가 이 구분 색상을 마크에 반영하고 있다.

비교대상으로는 한·미 양국 육군의 여단급 이상으로 하였으며, 미군은 1차 세계대전 이후를 기준으로 하고 육군항공대는 제외하였다. 미군 부대표기는 창설 당시 편제로 표기하였으며, 부대명 우측의 애칭과 의미는 미군마크에 대한 설명이다. *표는 전시 활용된 실제 편성은 되지 않은 위장용 부대를 뜻한다.

사령부 · 군단 · 군단급

한국 마크	한국 부대	미국 마크	미국 부대	설명
	한국 **제2작전사령부**		미국 **제22군사령부**	**2**는 2군을 의미한다.
	한국 **수도군단**		미국 **제38보병사단**	애칭은 Cyclone. **CY**는 창설 당시 토네이도에 의해 주둔지가 파괴되어 얻은 애칭의 첫 두 글자를 의미한다.
	한국 **제1군단**		미국 **제10군사령부**	**X**는 10군을 의미한다.

한국		미국		설명
	한국 제2군단		미국 제9군단	**9**는 IX군단을 의미한다.
	한국 제3군단		미국 제29보병사단	애칭은 Blue and Grey. **회색과 청색**은 남북전쟁 당시 남·북군의 군복색으로 남·북부 출신 병력으로 창설된 부대원의 결속을 의미하며, **태극문양**은 영원성과 음양의 조화를 의미하기도 한다.
	한국 제5군단		미국 제10군단	**X**는 10군단을 의미한다.
	한국 제6군단		미국 제31군단	**백색의 3개 화살(깃털)**이 **한 점**에 날아와 꽂히는 완벽성을 나타내는 것으로 각각 3과 1(한 점)을 의미한다. 참고로 의미는 한국군 52보병사단과 유사하다.
			미국 제5군단	애칭은 Victory Corps. **오각형**은 5군단을 의미한다. **5선**은 2차 세계대전 당시 전투를 치른 5곳의 전장을 의미하기도 한다.
	한국 교육사령부		미국 교육사령부	**녹색 원**은 육군, **청색**은 보병, **황색**은 기병·기갑, **적색**은 포병으로, 각각 3개 기본전투병과를 의미한다.
	한국 수도방위사령부		미국 제65기병사단	애칭은 Chevaliers. **검과 황색**은 기병, **청색**은 보병, **3칸**은 사단을 구성하는 병력들의 출신지역인 일리노이와 미시건, 위스콘신을 의미하는 것으로 추정된다.
	한국 제6군관 구사령부		미국 제48보병사단	주방위군 시절 사용한 것으로, **4방위**는 4, **8칸**은 8을 의미한다.

사단

한국	미국	설명
 한국 **수도기계화사단(구)**	 미국 **제106보병사단**	**사자 얼굴**은 힘과 용기, **청색**은 보병, **적색**은 포병지원을 의미한다.
 한국 **제1보병사단**	 미국 **제1보병사단**	애칭은 Big Red One. **1**은 1사단을 의미하며, 현존하는 미군 최장수사단으로서 1·2차 세계대전 및 베트남전에서 최우선 선두로 파견되었다.
 한국 **제6보병사단**  한국 **제1관구사령부**	 미국 **제6보병사단**	애칭은 Red Star와 Sight-Seeing Sixth. **육각별**은 6사단을 의미한다.
한국 **제7보병사단**	 미국 **제23보병사단**	애칭은 Americal. **4개의 백색 별**은 2차 세계대전 당시 남태평양에서 창설·활약하여 남십자성, **청색**은 보병을 의미한다.
 한국 **제9보병사단(구)**	 미국 **제6군단**	**6**은 6군단을 의미한다.
 한국 **제11보병사단**	 미국 **제3보병사단**	애칭은 Rock of the Marne. **백색 3선**은 1차 세계대전 당시 치른 3개(혹은 6개) 주요 전투, **청색**은 미국인의 이상과 자유 및 민주주의를 수호하는 충성심을 의미한다.
 한국 **제15보병사단**	 미국 **제1군단**	애칭은 America's Corps. 남북전쟁 당시 북군 1군단의 원 모양을 이어받아 색상만 흑색으로 변경하였다.
 한국 **제2보병사단**	 미국 **제37보병사단**	애칭은 Buckeye. **녹색 원**은 육군, **적색 원**은 오하이오 주방위군으로 창설되어 소속 주(州) 깃발문양에서 따온 것으로 주목(州木)인 칠엽수나무(Buckeye)의 종자를 의미한다.

한국	미국	설명
 한국 **제21보병사단**	 미국 **제80보병사단**	애칭은 Blue Ridge. **3개의 산**은 블루릿지가 관통하는 펜실베이니아와 버지니아, 웨스트버지니아 출신 병력으로 창설되었음을 의미한다.
 한국 **제22보병사단**	 미국 **제19군단(구)**	1935년 10월부터 1943년 10월까지 사용된 초기형태로 **종 모양의 미션벨**은 부대 주둔지인 캘리포니아주 인근의 서부지역, **적색과 황색**은 이 지역의 스페인 전통을 의미한다. 마크가 현재의 도끼 모양으로 바뀐 후 부대애칭은 Tomahawk이다.
	 미국 **제14군사령부***	**종 모양의 도토리**는 힘, **A**는 14군를 의미한다.
 한국 **제26기계화 보병사단**	 미국 **제96보병사단**	애칭은 Deadeye. **2개의 사각형**은 서로 인접한 오리건과 워싱턴주 출신 병력들의 화합, **청색과 백색**은 성조기의 색상을 의미한다.
 한국 **제27보병사단**	 미국 **제28보병사단**	애칭은 Iron과 Keystone. **전체 모양**은 펜실베이니아 주방위군으로 창설되어 주의 애칭인 Keystone(쐐기돌)을 의미한다. 1차 세계대전 당시 독일군은 피의 양동이 사단이라 불렀다.
 한국 **제29보병사단**	 미국 **제46보병사단**	애칭은 Ironfist. 1947년 이후 사용된 것으로 움켜쥔 **주먹**은 평화수호를 위해 항상 준비된 부대임를 의미한다.
 한국 **제36보병사단**	 미국 **제36군단**	**3개의 잎사귀 모양**은 3, **육각별 모양**은 6, **적·청·백색**은 성조기 색상을 의미한다.
 한국 **제38보병사단**		

한국	미국	설명
 한국 **제65보병사단**	 미국 **제55보병사단***	**2개의 오각형**은 각각 5를 의미한다.
 한국 **제66보병사단**	 미국 **제31기갑사단**	애칭은 Dixie. **2개의 도형**은 미 동남부 출신 병력들로 사단을 구성하여 이 지역을 일컫는 Dixie와 Division의 첫자를 의미한다.
 한국 **제71보병사단**	 미국 **제71보병사단**	애칭은 Red Circle. **71**은 71사단, **적·청·백색**은 성조기 색상을 의미한다.

여단

한국	미국	설명
 한국 **제101보병여단**	 미국 **제30기갑사단**	애칭은 Old Hickory. **O와 H**는 애칭의 각 첫자, **XXX**는 30기갑사단을 의미한다.
 한국 **제3공수 특전여단**	  미국 **제66보병 사단(구)**	애칭은 Black Panther. **흑표**는 적을 향한 공격성을 의미한다.
 한국 **제13특수 임무여단**	 미국 **제66보병사단**	
 한국 **제30기갑여단**	 미국 **제24군단**	국가와 임무에 대한 헌신을 표현한 남북전쟁 당시 북군 24군단의 하트 모양을 이어받아, **하트**는 충성심(True Blue), **청색**은 충성심과 자유를 의미한다.

한국		미국		설명
	한국 공병학교		미국 공병학교	**지식의 램프**는 교육과 훈련, **방패**는 공병의 부차적 임무인 보병의 역할, **성채**는 방어시설 구축과 공성전, **Essayons**는 '시도하자', **적색**은 포병과 함께한 전통, **백색**은 보병을 의미한다.
	한국 기갑학교		미국 기갑학교	**삼각형**은 창의 끝부분, **청색**은 보병, **적색**은 포병, **황색**은 기병(기갑)을 나타내어 제병합동을 강조하였으며, **궤도**는 기동성, **포**는 화력, **번개**는 충격효과를 의미한다. 1차 세계대전 당시 기갑군단의 3색 삼각형에 1933년 7기병여단의 3개 아이콘들을 합친 것으로 모든 기갑부대의 상징이 되었다.
	한국 보병학교		미국 보병학교	**방패**는 국가수호, **Follow Me**는 전투지휘, **청색**은 보병을 의미한다.
	한국 포병학교		미국 포병학교	**대포와 적색과 금색**은 포병을 의미한다.

육군 부대 도감

1판 1쇄 찍음 2023년 8월 17일
1판 1쇄 펴냄 2023년 8월 30일

지은이 신기수

주간 김현숙 | **편집** 김주희, 이나연
디자인 이현정, 전미혜
영업·제작 백국현 | **관리** 오유나

펴낸곳 궁리출판 | **펴낸이** 이갑수

등록 1999년 3월 29일 제300-2004-162호
주소 10881 경기도 파주시 회동길 325-12
전화 031-955-9818 | **팩스** 031-955-9848
홈페이지 www.kungree.com
전자우편 kungree@kungree.com
페이스북 /kungreepress | **트위터** @kungreepress
인스타그램 /kungree_press

ISBN 978-89-5820-847-1 03390

책값은 뒤표지에 있습니다.
파본은 구입하신 서점에서 바꾸어 드립니다.